美食系列图书

一碗汤的幸福

贝太厨房 编著

中国轻工业出版社

一碗汤的幸福

对于我这个没有顿顿喝汤习惯的北方人来说，对于汤的原始记忆是逢年过节时端上来的最后一道热菜，丸子汤。丸子汤上桌，代表所有菜已经上完，后边没菜了，可以开吃了。大家对这道菜是偏爱的，猪肉用刀剁成馅，简单调味，搅打均匀，手抓一把肉馅，经由虎口挤出一个光滑的肉丸子，用小勺一舀，下入热水中，待所有丸子煮熟，盛入汤盆，撒上一大把香菜，点上几滴小磨香油，端上桌就齐了。制作简单、香味扑鼻、老少咸宜、团团圆圆，这就是丸子汤的意义。 更因为彼时的爷爷奶奶年岁已大，牙口不太好，只能吃些软烂好嚼的东西，猪肉丸子与弹性十足的牛肉丸不同，是为数不多的好嚼的菜，丸子汤也是专门为他们做的。谈起丸子汤，就会想起爷爷奶奶，想来，已许久没有再见过这道菜。

说到汤也不能不提一个省，那就是广东。广州市教育局发布的针对中小学生劳动技能指导意见：初中生要会煲汤。这个意见一度刷爆大家的朋友圈，如此不同寻常的意见，让人们再一次见识到广东人对于煲汤的热爱堪比信仰。广式靓汤确实声名在外，在这本书中就收录了许多经典的广式靓汤，专业粤菜大厨给出最专业的食谱做法，既有家庭烹饪中未涉及的餐厅煲汤窍门，也为大家考虑到家庭烹饪的可操作性，简化方法不简化味道。除了技法和广式靓汤，本书还涵盖了家常快手汤品、滋润下饭两不误的汤菜、清新舒爽的素汤、港剧中少不了的甜汤……鸡鸭鱼肉和蔬菜水果通通都可以煲成一碗温暖、幸福的靓汤。

都说下厨是一项治愈身心的活动，而煲汤则是将这一功效发挥到了极致，咕嘟咕嘟翻滚的声音与缓缓升腾的水蒸气，将一切修补治愈，幸福感也就随之而来了，是玄学，也是科学。

主编 Amei

目　录

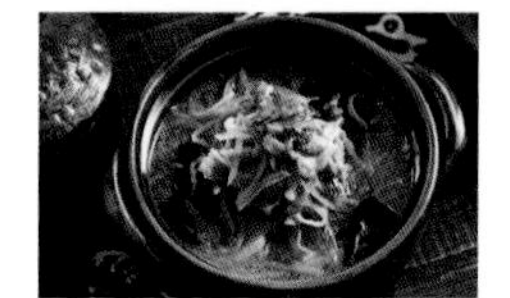

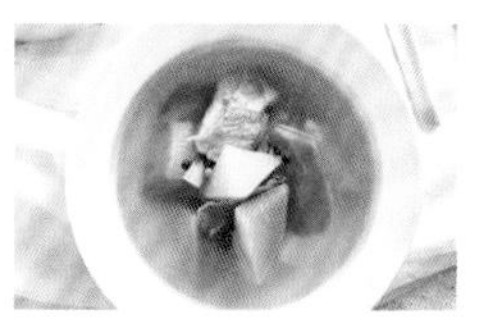

Chapter 2

滋补禽肉汤

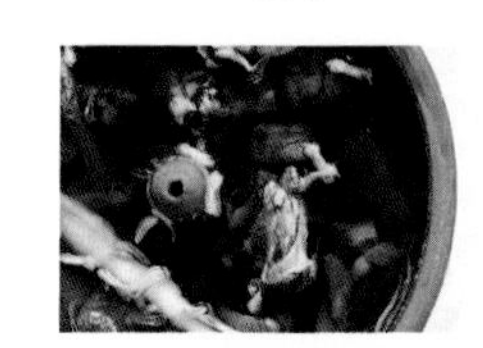

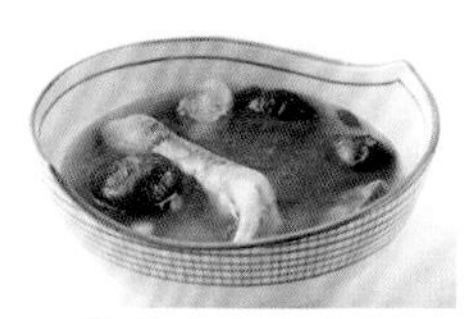

Chapter 1
元气肉骨汤

菌菇排骨汤

4 人份 10 分钟 70 分钟
菜谱提供：古志辉（北京丽思卡尔顿酒店）

几块司空见惯的肋排，几块平凡的南瓜，再加上一小把蟹味菇和鸡腿菇，一煲鲜美又强身的靓汤就诞生了。

用料

猪肋排250g、南瓜100g、蟹味菇50g、鸡腿菇2个、姜2片、盐5g

做法

1. 猪肋排洗净，剁成6cm长的段，放入滚水中汆烫，撇去血沫后捞出。
2. 汤煲中加入1000ml矿泉水，放入处理好的肋排和姜片，大火煮开后转小火煲煮。
3. 南瓜去皮、去子、切成块。蟹味菇去掉根部，分成小朵，洗净、沥干。鸡腿菇洗净、沥干。
4. 排骨汤煲煮30分钟后，将南瓜块、蟹味菇和鸡腿菇放入汤中，继续小火煲煮约40分钟，待香味飘满屋子时加盐调味即可。

Tips

1. 南瓜可增强免疫力、防止动脉硬化、润肠通便、润泽肌肤。熬汤用的南瓜要用那种口感软糯的老南瓜。
2. 蟹味菇具有独特的蟹香味，有增强免疫力、延缓衰老的作用。
3. 鸡腿菇因形似鸡腿、味如鸡丝而得名。具有高蛋白、低脂肪的优点，用来煲汤不易煮烂。

苦瓜薏米排骨汤

4 人份　4 小时（含浸泡时间）
90 分钟
菜谱提供：古志辉（北京丽思卡尔顿酒店）

苦瓜和薏米都是非常适合夏天食用的食材，口感清爽，同时具有开胃、清热、祛湿的作用，搭配排骨一起煲汤，味道清淡不油腻。

用料

苦瓜300g、薏米50g、
猪肋排500g、姜2片、
陈皮1/3片、蜜枣1颗
盐适量

做法

1 薏米加水浸泡4小时以上。猪肋排切成6cm长的段，放入滚水中汆烫，去除血沫和杂质，捞出后沥干水分。苦瓜对半切开，去掉瓤和子，洗净后切块。

2 将猪肋排放入砂煲中，再把泡发的薏米、姜片、陈皮、蜜枣放入砂煲，加入2500ml水，大火煮开后转中小火煲煮1小时。

3 加入苦瓜块，继续煲煮30分钟后关火，喝汤时再根据自己的口味加盐调味。

栗子煲龙骨

4人份 15分钟 80分钟

新鲜的板栗用来煲汤是极好的。几枚板栗、两三块龙骨、再来几块玉米，待厨间飘出温润的香气，一煲清甜补气的汤就好了，滋养脾胃、补肾益气，适合全家人食用。

用料

生板栗100g、甜玉米1根、龙骨300g、猪瘦肉100g、蜜枣1颗、陈皮1/3片、姜1片

做法

1 生板栗剥去外壳和薄衣。甜玉米去掉外皮和须子，切大块。龙骨斩大块。

2 猪瘦肉和龙骨放入沸水中汆烫，去除血沫后捞出。

3 把所有用料放入砂煲中，注入足量清水，大火煲煮40分钟后转中小火继续煲煮40分钟。

Tips

1 剥栗子皮时可以把栗子放在冷水里加热，直到皮的颜色变深，这时候皮就比较容易剥下来了。

2 煲汤时没有放盐，可根据个人口味，喝的时候再加盐。

黑蒜排骨汤

4人份　10分钟　2小时

用料

菰米30g、黑蒜50g、排骨300g、花雕酒15ml、盐5g

做法

1 菰米洗净。黑蒜剥去外皮，分成小瓣。
2 排骨剁成6cm长段，放入沸水中汆烫，去除血沫后捞出备用。
3 将洗净的菰米、黑蒜瓣、汆烫过的排骨放入砂煲中，加入1200ml水，倒入花雕酒，盖上盖子大火煮沸。
4 转小火继续煲煮2小时，加盐调味后关火。

Tips

1 菰米就是茭白的种子，但因为现在种植的茭白只长茎叶，不开花结子，所以菰米比较少见。菰米呈黑褐色，颗粒比较长，味道香滑，有解烦热、调理肠胃的功效。
2 黑蒜又名发酵黑蒜，是用新鲜生蒜带皮在发酵箱里发酵60~90天后制成的，黑蒜中的微量元素含量较高，味道酸甜，无蒜味，具有抗氧化、抗酸化的功效。
3 这款汤有排毒、降血脂及降低胆固醇的作用，还能缓解失眠。

合掌瓜煲排骨

4 人份　15 分钟　1.5 小时

用料

合掌瓜1个、玉米1根、胡萝卜1根、猪肋排300g、蜜枣2颗、陈皮1/3片、盐适量

做法

1 合掌瓜去皮、去子，切大小适中的滚刀块。胡萝卜切成和合掌瓜大小一样的滚刀块。玉米斩段。

2 猪肋排斩成长段，放入滚水中汆烫一下，去除血沫，捞出待用。

3 砂煲中放入所有用料，加2L水，大火煮沸后转中小火继续煲煮1.5小时。

4 喝时根据自己的需要再加入适量盐调味。

Tips

这款汤具有清润、开胃的功效。合掌瓜又称佛手瓜，营养丰富，其中锌含量较高，对儿童的智力发育具促进作用，还可缓解老年人视力衰退。合掌瓜内有很多黏液，这些是植物胶原蛋白的精华，有很好的美颜效果。黏液粘在手上后只要用稍热的水洗手，就很容易洗干净了。

马兰头排骨汤

3人份 10分钟 1小时

用料

马兰头150g、排骨500g、南豆腐100g、盐6g、白胡椒粉5g、花椒2粒、姜5g

四月芳菲。田野山坡翠绿丛生，随手拾得几株入汤，味清汤浓，配以嫩滑的豆腐，翡翠白玉相称如画，食之为妙。

做法

1. 排骨洗净，剁成5cm长的块，氽烫后撇除血沫。
2. 马兰头择洗干净，南豆腐切成小方丁备用。
3. 锅中放入清水、排骨、花椒、姜、白胡椒粉，大火烧开，加入3g盐，转小火慢炖1小时左右。
4. 将豆腐丁和马兰头放入排骨汤中，加入3g盐调味，小火煮3分钟即可。

玉米排骨汤

2人份　10分钟　70分钟

用料

玉米1根、排骨500g、
胡萝卜1根、姜20g、陈皮5g、
盐5g、白胡椒粒3g

做法

1 玉米切块，胡萝卜洗净、去皮、切块，姜切片。排骨放凉水中浸泡、去血水后洗净、剁成段，汆水后撇去浮沫，捞出，冲凉水。
2 锅中加水，放入玉米、排骨、胡萝卜、姜片、陈皮、白胡椒粒，大火煮沸后用小火慢煮1小时，再放盐调味即可。

板栗淮山煲猪手

3人份 2小时（含浸泡时间） 2小时

用料

猪手2只、猪瘦肉100g、棒骨500g、去皮板栗200g、干淮山40g、莲子20g、红枣5颗、枸杞15g、果皮10g、姜片60g、白胡椒粒5g、盐3g、料酒40ml、白醋40ml

做法

1. 莲子、干淮山用清水浸泡2小时。
2. 猪手放在火上烧去毛，然后放温水中浸泡几分钟，再用钢丝球把表面擦洗干净。
3. 猪手剁大块，放入清水中浸泡10分钟，去除血水，捞出后放入锅中，倒入冷水，烧开后倒入白醋，撇去浮沫后继续煮3~5分钟。捞出后用温水冲洗干净，沥干水分。
4. 猪瘦肉、棒骨放入锅中焯水，撇去浮沫，捞出后用温水冲洗干净，沥干水分。
5. 将处理好的猪瘦肉、棒骨、猪手放入锅中，倒入比食材多4倍的清水，加入料酒、果皮、姜片和白胡椒粒，煲1.5个小时。
6. 放入板栗、干淮山、红枣、莲子、枸杞，再煲40分钟，出锅前撒盐调味即可。

Tips

也可用喷枪烧去猪手上的毛。猪手中放白醋可去异味，并让猪手更白。

芸豆猪蹄汤

4 人份 15 分钟 100 分钟

用料

猪蹄300g、猪瘦肉100g、
莲藕100g、白芸豆80g、
陈皮2/3片、姜3片、盐适量

做法

1 白芸豆洗去杂质，加水泡发后沥水待用。莲藕洗净后刮去外皮，切成圆片。
2 猪蹄和猪瘦肉斩成大块，放入滚水中汆烫5分钟，去除血沫和腥味。
3 砂煲内放入处理好的猪蹄、猪瘦肉、白芸豆、莲藕、陈皮和姜片，加入足量水，大火煲煮40分钟，转小火继续煲煮1小时。
4 吃的时候加盐调味即可。

Tips

莲藕应选用两头圆的，这样煲煮后的藕会更粉糯。

无花果煲猪腱

4人份 15分钟 2小时

菜谱提供：李秉康（北京王府半岛酒店）

用料

猪腱肉200g、雪梨1个、南北杏1小把（约30g）、无花果干6个、姜2片、盐适量

做法

1 猪腱肉用水冲洗净表面杂质，切大块，放入冷水中，中火加热，水渐热后会产生白色浮沫，捞出猪腱肉，冲洗净浮沫，待用。

2 雪梨洗净、切大块。无花果冲洗净表面杂质，沥净水。

3 将所有用料放入汤煲中，加入足量水，盖上盖子，大火煮开后转小火，煲煮2小时，加盐调味即可。

Tips

1 猪腱肉就是猪前腿或者后腿上的腱子肉，用来煲汤，久煮也不会老硬。

2 如果家里有蒸箱或大号蒸锅，隔水蒸也可以，更能突出汤的原汁原味。

田园溢香五色汤

2 人份　10 分钟　25 分钟　菜谱提供：王磊

用料

里脊肉50g、西蓝花100g、
胡萝卜100g、娃娃菜100g、
木耳10g、红枣2颗、
枸杞5粒、姜1片、盐5g

做法

1　提前将木耳泡发；里脊肉切片，汆水、去血沫后洗净；胡萝卜、娃娃菜、西蓝花洗净后改刀备用。

2　将里脊肉片、西蓝花、胡萝卜、娃娃菜、木耳、红枣、枸杞、姜片放入炖盅中，倒入500ml开水，等锅上气后隔水炖20分钟即可。

枸杞叶煲瘦肉

4人份 10分钟 80分钟

菜谱提供：古志辉（北京丽思卡尔顿酒店）

用料

新鲜枸杞叶100g、猪瘦肉300g、
蜜枣2颗、枸杞20g、
陈皮1/3片、姜2片、盐适量

做法

1 枸杞叶择洗干净，沥净水，把叶片和梗分开。

2 猪瘦肉切成稍大的块，放入滚水中汆烫，去除浮沫，捞出备用。

3 取一只砂煲，放入猪瘦肉、枸杞、蜜枣、陈皮和姜片，加入足量的冷水，大火煲煮30分钟，放入枸杞叶的梗，转中小火再煲30分钟。

4 放入枸杞叶，继续煲煮10分钟即可，喝的时候再加盐调味。

Tips

1 枸杞叶是枸杞的嫩茎叶，枸杞叶既是蔬菜也是药材，作为蔬菜，枸杞叶多用来煲汤，有益肝气、益精明目的功效。

2 如果买不到新鲜的枸杞叶，可以在药店购买枸杞根代替。

清补凉猪肉汤

2人份　10分钟　130分钟

用料

猪腱肉300g、薏米15g、莲子1小把、枸杞7颗、淮山10g、玉竹5g、芡实5g、蜜枣2颗、盐适量

做法

1 猪腱肉切成3cm见方的块，放入锅中，加入足量冷水，煮开，捞出后沥干备用。

2 其余材料全部洗净备用。

3 取一个大汤煲，放入5碗水，放入除盐外的所有食材，大火煮开后煮10分钟，然后调成小火煲煮2小时，调入盐即可。

香菜肉丸汤

2人份 15分钟 20分钟

用料

香菜100g、猪肉馅100g、
花椒10粒、黄酒1汤匙（约15ml）、
姜粉3g、白胡椒粉2g、
干淀粉1汤匙、
芝麻香油2茶匙（约10ml）、
油少许、盐1茶匙（约5g）、
清高汤500ml

做法

1 花椒用少量温水浸泡15分钟，待用。香菜择洗干净，去掉根部，2根切碎，其余剁成细末，加几滴油拌匀。

2 肉馅中加入黄酒、姜粉、2g盐、白胡椒粉、干淀粉、花椒水、1茶匙芝麻香油，沿一个方向搅打上劲，加入香菜末搅拌均匀。

3 清高汤倒入锅内，中火加热至温热。用勺子挖出适量肉馅，稍微搓圆后放入锅内。

4 所有丸子都下入锅内后，转大火煮开，加入剩余的盐、香菜碎和剩余芝麻香油即可。

连汤肉片

2 人份 10 分钟 10 分钟

用料

木耳30g、蒜黄30g、黄花菜40g、大葱40g、蒜苗60g、毛豆60g、番茄1个、蛋清1个、里脊肉175g、平菇50g、淀粉20g、盐5g、生抽30ml、白胡椒粉10g、陈醋5ml、水淀粉10ml、香油适量、香菜适量、笋片3片

做法

1 木耳、黄花菜浸泡后清洗干净，备用。里脊肉切成薄片（见图1），加蛋清、淀粉，抓匀。

2 蒜苗、蒜黄切段，西红柿切丁，平菇撕小朵，大葱切滚刀块。

3 锅中放油，油要能没过肉片，油温四成热时将肉片放入划散（见图2），变色后立即捞出、控油。

4 锅中放20ml油，油热后，放入大葱爆香，之后放入蒜黄段和西红柿丁，炒出红油，加入400ml左右水，水开后放入除肉片和调料外的所有食材，大火烧开后转小火炖煮。

5 炖煮5分钟左右，加入生抽、盐、白胡椒粉，放入肉片，再煮5分钟，放入陈醋，勾薄芡。关火点香油，撒香菜（见图3）。

1

2

3

香肠番茄鹰嘴豆汤

2人份 3分钟 20分钟

用料

西班牙香肠1根、鹰嘴豆罐头60g、紫洋葱1/2个、番茄红汤800ml、橄榄油15ml、盐5g、白砂糖3g、鲜迷迭香3g

做法

1 紫洋葱切丁。平底锅中倒橄榄油，放入紫洋葱丁炒软，盛出备用。

2 西班牙香肠切片，放入平底锅，煎至两面微焦。

3 锅内倒入番茄红汤，煮开后放入鹰嘴豆罐头、紫洋葱丁，再次煮开，放入盐、白砂糖调味，撒上迷迭香即可。

番茄红汤

4人份 10分钟 25分钟

用料

番茄5个、鲜香菇1个、枸杞10g、姜10g、葱15g、蒜2瓣、盐6g、番茄酱50g

做法

1 枸杞用冷水浸泡10分钟，葱切段，鲜香菇、姜、蒜切片，番茄切小块。

2 热锅倒油，放入葱、姜、蒜煸炒出香味（见图1），倒入番茄，无须放水，翻炒5分钟至番茄变成酱，转小火，加入番茄酱（见图2），炒制2分钟。

3 倒入2000ml热水（见图3），放入鲜香菇、枸杞，改大火煮15分钟，最后加盐调味即可（见图4）。

Tips

炒制番茄和番茄酱时注意小火翻炒，以免煳锅。

生津牛蒡瘦肉汤

4 人份　10 分钟　80 分钟
菜谱提供：北京丽思卡尔顿酒店

牛蒡和淮山的功效相辅相成，生津清火、补肾益气。牛蒡本身的味道很多人不是很喜欢，但和淮山、排骨搭配在一起煲，味道竟让人出乎意料。

用料

鲜牛蒡100g、鲜淮山100g、猪瘦肉300g、陈皮1/3片、蜜枣1颗、姜2片、盐5g

做法

1. 猪瘦肉洗净后切大块，放入滚水中，撇去浮沫后捞出，用水冲洗干净。
2. 把猪瘦肉和蜜枣、陈皮、姜片放入砂煲中，加入1000ml冷水，大火煮开后煲40分钟。
3. 这时可以处理牛蒡和淮山。牛蒡的大部分营养都在皮肉相连的部分，且牛蒡的皮很薄，所以只需用刀背轻轻刮去表皮，然后切大块。淮山削去外皮，切成和牛蒡同样大小的块。
4. 把处理好的牛蒡块和淮山块放入砂煲中，继续煮40分钟，加盐调味即可。

Tips

牛蒡长得跟鲜淮山有点儿像，只是更纤细一些，能减肥、抗衰老，煮茶、煲汤、入馔皆可。

金银菜枸杞炖白肺

4人份 20分钟 3小时

用料

猪肺300g、猪瘦肉300g、枸杞5g、瑶柱碎5g、奶白菜200g、菜干50g、鸡爪200g、老鸡300g、姜片10g、红枣20g、盐5g

做法

1. 猪肺套在自来水管上，让它充分地舒展开，将猪肺冲洗到变白、无血丝即可。
2. 猪肺切成大片，加姜片炒干，猪瘦肉切块，老鸡斩块，鸡爪汆水、洗净，菜干泡水、洗净。
3. 所有原料放入砂锅中，加足量纯净水，小火炖3小时，加盐调味即可。

Tips

猪肺质嫩，适用于炖卤，煲汤能滋补肾气，同时还具有补肺虚、止咳清热的功效。

猪血汤

3人份 15分钟 30分钟

用料

新鲜猪血400g、高汤1000ml、
酸菜心100g、韭菜1小把、盐1茶匙

做法

1 韭菜择洗干净，切成4cm长的段。
2 酸菜心加水浸泡，去除咸味，捞起沥水后切成3cm长的段。
3 猪血去除表面杂质，清洗干净，切成2cm宽的块。
4 大火烧一锅开水，放入韭菜段焯一下，迅速捞出。把猪血块放入滚水中汆烫，去除腥膻味，捞出后沥水待用。
5 高汤倒入锅中，大火煮滚，放入汆烫过的猪血块，加盐调味。
6 再次煮滚后盛入碗中，加入汆烫过的韭菜段和酸菜心即可。

Tips

一定要选择新鲜的猪血，这是猪血汤成败的关键。新鲜的猪血为咖啡色或者淡淡的暗红色。

肝羔汤

3 人份 15 分钟 30 分钟
菜谱提供：黄宵峰（上海 Shook！餐厅）

用料

新鲜猪肝250g、水发竹荪100g、高汤450ml、小苏打适量、葱姜汁5ml、胡椒粉5g、料酒15ml、盐2g、味精少许

做法

1 猪肝用小苏打搓洗后捶成泥，注入150ml高汤。调入葱姜汁、料酒、盐及胡椒粉，拌匀。用细筛过滤，取汁水待用。
2 准备10个酱油碟，抹油后逐个注入猪肝汁。大火蒸2分钟后取出，做成肝羔。
3 水发竹荪择去两头，切成2段，洗净、焯水。
4 锅中倒入剩余高汤，放入竹荪段，调入盐和味精，水沸后放入肝羔即可。

清美牛肉汤

4 人份 10 分钟 4 小时
菜谱提供：熊志芳（上海扬子精品酒店）

用料

牛肋排1000g、花旗参10g、枸杞1g、豌豆1g、洋葱50g、胡萝卜50g、盐5g

做法

1 牛肋排切成6cm长的块，用冷水冲干净血水。
2 1000ml水与牛肋排块、洋葱、花旗参和胡萝卜一起入锅，全程小火慢炖4小时。
3 出锅前捞去洋葱和胡萝卜，投入豌豆和枸杞，撇去浮油，加盐调味即可。

牛肉粳

3 人份　10 分钟　40 分钟

用料

牛腱肉500g、香葱2棵、
香芹50g、老姜50g、
盐5g、生抽20ml、
料酒30ml、白胡椒粉3g、
淀粉100g、
牛肉高汤1000ml

做法

1. 牛腱肉顺着肌肉纹理切成1cm长的条，香葱和香芹切碎，老姜切细丝。
2. 把牛腱肉用木棒或刀背反复拍打，边拍打边加入少许冷水，直至肉质松散膨胀。
3. 在牛肉条中加入料酒、生抽、白胡椒粉和淀粉，抓拌均匀，边抓拌边把牛肉条从碗中抓起，再摔回碗里。
4. 汤锅中注入牛肉高汤，大火烧开后逐个下入牛肉条并搅拌，使肉不要粘连在一起。待牛肉条浮起，加入盐，再煮5分钟。盛入碗中后撒入香葱碎、香芹碎和姜丝。

青红萝卜煲牛腩

3人份 10分钟 2小时

用料

青萝卜300g、胡萝卜200g、牛腩800g、牛棒骨50g、姜片30g、果皮10g、白胡椒粒5g、盐5g

做法

1 青萝卜、胡萝卜洗净、去根、去皮、切大块；牛腩洗净、切大块。

2 将牛腩和牛棒骨一起放锅中，倒入比食材多2倍的清水并煮沸，不断撇去浮沫，捞出后用温水冲洗干净。

3 锅中放入焯好水的牛肉，倒入食材4倍的水，再放入果皮、姜片、白胡椒粒，大火烧开后转小火煲1.5小时，然后加入萝卜块，再煲30分钟，出锅前撒盐调味即可。

Tips

果皮是柑橘等水果的果皮晒干后所得的干果皮。

鹰嘴豆牛尾汤

3 人份 15 分钟 3 小时

用蔬菜的本味让牛尾变得更加鲜美，单独享用或配面包都很美味。

用料

牛尾700g、洋葱1个、番茄2个、芹菜1棵、土豆1个、罐装鹰嘴豆1罐、红酒1杯、蒜2瓣、香叶1片、黑胡椒粒少许、盐少许、番茄酱15g、黄油15g

做法

1 牛尾洗净，去掉表面筋膜，放入汤锅并注入没过牛尾的冷水，大火煮开，捞出牛尾，用热水洗净，控干备用。

2 洋葱切小块，芹菜洗净、切段，蒜切碎。番茄去皮、切小块，土豆去皮、切成1cm见方的小丁。

3 西式厚底汤锅中放入10g黄油，中火加热至化开，放入洋葱块、蒜碎和芹菜段，翻炒至洋葱呈半透明，放入牛尾翻炒至边缘略焦，加入红酒翻炒至酒精挥发，加入足量热水，加盖煮开，撇去浮沫后放入香叶和黑胡椒粒，小火煲煮2小时。

4 另取一个砂锅，放入剩余黄油，中火加热至化开，放入番茄块翻炒至软烂，加入番茄酱翻炒出红油，倒入汤中，加入土豆块和鹰嘴豆，小火煮半小时以上，出锅前调入盐即可。

Tips

鹰嘴豆对于西方人的意义，类似于大豆之于中国人。高蛋白、低脂、低能量的鹰嘴豆是“三高”、素食人群优选的健康杂粮。

羊肉萝卜汤

3~4 人份　10 分钟　15 分钟

用料

羊肉片100g、白萝卜500g、粉丝50g、木耳5片、姜丝5g、胡萝卜丝50g、花椒5粒、蒜片5g、香菜末15g、葱花10g、盐3g

做法

1　白萝卜切细丝。粉丝和木耳分别泡发。将木耳洗净，备用。

2　炖锅中加入足量的水，烧开后加入白萝卜丝、姜丝、胡萝卜丝、木耳、花椒和蒜片，中火炖煮。

3　待萝卜丝煮熟后，加入粉丝和羊肉片煮5分钟，调入盐，出锅时加葱花和香菜末即可。

滋补羊汤

4 人份　10 分钟　135 分钟

羊肉和萝卜也算是经典搭配了，冬天喝羊汤、吃萝卜特别合适，温暖而清爽，好吃又养生。

用料

羊肉块250g、胡萝卜100g、黄萝卜100g、青萝卜100g、番茄80g、姜片70g、沙参1根、洋葱75g、枸杞10g、盐10g、白胡椒粉2g

做法

1 将各种萝卜、洋葱和番茄洗净、去皮后切滚刀块。

2 羊肉块凉水下锅，烧开后撇去浮沫，捞出。

3 炖盅中放入羊肉块、萝卜块、矿泉水和姜片，上笼蒸2小时，然后加入洋葱、番茄块和枸杞，再蒸15分钟，加入盐和白胡椒粉即可。

羊排萝卜汤

3~4 人份　10 分钟　110 分钟

用料

羊排500g、青萝卜100g、
胡萝卜100g、白萝卜100g、
白胡椒粒10粒、陈皮3g、
姜20g、盐5g

做法

1 青萝卜、胡萝卜、白萝卜分别洗净、去皮，切滚刀块，姜切片备用。

2 羊排洗净，切大块备用。

3 锅中倒水，冷水中加入羊排，煮开后撇去浮沫，捞出，用温水冲洗干净。

4 洗净的锅中放羊排，放入羊排3倍的水，加入白胡椒粒、陈皮、姜片，大火烧开，转中火煲1小时，再加入萝卜块，再煲30分钟，加盐调味即可。

Chapter 2

滋补禽肉汤

五指毛桃煲老鸡

4 人份 15 分钟 100 分钟

菜谱提供：古志辉（北京丽思卡尔顿酒店）

五指毛桃有行气、祛湿的功效，老鸡有很强的补益作用。煲好的汤口感浓郁，还有淡淡的椰香味道，喝起来余味无穷。

用料

老鸡500g、五指毛桃100g、猪瘦肉100g、红枣8颗、陈皮1/3片、老姜3片、盐5g

做法

1. 老鸡清洗干净，斩成大块。猪瘦肉切大块。煲汤时放瘦肉可以使汤的味道更浓、更香。
2. 将鸡块和瘦肉块分别放入滚水中氽烫3分钟，捞出。
3. 五指毛桃用清水冲洗一下，浸泡10分钟，再洗净表面杂质。五指毛桃要选用新鲜的干品，闻起来有椰子的清香。
4. 汤煲中放入氽烫过的鸡块和瘦肉块，加入1000ml水。水一定要一次性加足，如果中途再加水，就会影响汤的口感。开大火煮沸，把再次产生的浮沫撇去。
5. 放入五指毛桃、红枣、陈皮和姜片，调成中小火慢慢煲煮1.5小时，加入盐即可。

Tips

五指毛桃并不是桃，因为它的叶子长得像五指，果实成熟时像毛桃，所以才有了这个名字。五指毛桃有益气补虚、壮筋活络、健脾化湿等功效，中药店有售。

淮山红枣鸡汤

4 人份　2 小时（含浸泡时间）
4 小时

用料

老母鸡1只、金华火腿40g、淮山15g、红枣6颗、姜片20g、葱段20g、盐1g、料酒20ml、白胡椒粒5g

做法

1　淮山和红枣用清水浸泡2小时。

2　金华火腿切厚片。老母鸡切大块，洗净后放入锅中，加入2倍的水、料酒和一半葱段、姜片，煮开后撇去浮沫，捞出用温水洗净，放入炖盅中。

3　在炖盅中加入泡好的淮山、红枣、白胡椒粒、葱段、姜片，倒入食材1.5倍的矿泉水，盖上盖，将炖盅放入蒸锅蒸4个小时，最后加盐调味即可。

Tips

火腿较咸，经过炖煮后汤中已有咸味，最后根据个人口味酌情加盐即可。

冬笋鲜鸡汤

4人份 10分钟 1.5小时

鲜味十足的鸡汤，搭配鲜嫩的冬笋，不仅味道鲜美，在寒冷的冬季喝上这么一碗热气腾腾的汤，真是暖胃又暖身。

用料

冬笋1个、三黄鸡1/2只、金华火腿1小块、枸杞1小撮、老姜1块、盐1茶匙

做法

1. 三黄鸡洗净、剁开，汆烫后捞出；冬笋剥壳、切滚刀块，焯水后捞出；金华火腿切片后洗干净；老姜切片。
2. 鸡肉、冬笋、金华火腿、姜片一起放入汤锅，加入足够的水，大火煮开后转中小火煲1小时左右，撒入枸杞，再煮15分钟，起锅前加入盐即可。

针笋土鸡汤

4 人份　10 分钟　1.5 小时

细若游丝的笋丝漂浮于鸡汤之中，犹如一群湖潭游移的仙子。

用料

土鸡1只、干针笋50g、老姜1块、盐5g

做法

1 干针笋用温水浸泡过夜，捞出后挤干水分，入沸水中焯熟。

2 土鸡洗净、剁块，放入凉水中煮开，撇去血沫以后捞出，沥干。老姜洗净、切片备用。

3 砂锅中放入鸡块、针笋、老姜，加入足量的水，大火烧开，撇去浮沫，转小火煲1.5小时，用盐调味即可。

原盅椰子鸡

4人份　15分钟　2小时

用料

椰子2个、仔鸡1/2只、
黄酒15ml、盐少许、
花旗参片少许

做法

1 仔鸡切块后洗净，放入锅中，加入没过鸡块的冷水，加入黄酒煮开，捞出鸡块备用。

2 椰子用刀砍出开口，收集椰肉和椰汁，然后装回椰子壳中，放入鸡块和花旗参片，用保鲜膜封好口，隔水炖2小时，调入盐即可。

Tips

椰子盖上保鲜膜后，形成了类似塔吉锅的封闭环境，避免鸡汤中呈味氨基酸挥发；隔水炖的温度相对较低，充分保留了鸡汤的营养；配上清润的椰肉、滋补的花旗参，是非常适合四季食用的靓汤。

金兰花炖草鸡汤

4 人份 10 分钟 4 小时

用料

草鸡1只、金兰花10g、猪精瘦肉500g、
金华火腿30g、姜10g、黄酒10ml、
枸杞适量、盐适量

做法

1 金华火腿切厚片。草鸡和猪精瘦肉切块后洗净，放入沸水中汆烫，捞起备用。

2 将鸡肉、金兰花、猪肉、火腿和姜放入汤盅内，加入纯净水、盐和黄酒。

3 入蒸锅蒸4小时，出锅后点缀枸杞即可。

Tips

金兰花是产于东南亚的一种植物，因为富含多糖、生物碱和人体必需的微量元素，近年来颇受追捧。金兰花入汤，会为整道汤品带来淡淡的花香，别具风味。

松茸花胶炖老鸡

4人份 15分钟 3小时

菜谱提供：周旭煜（北京香格里拉国贸大酒店红馆中餐厅）

用料

猪瘦肉300g、老鸡300g、鸡爪200g、松茸30g、花胶20g、姜片10g、瑶柱碎5g、红枣20g、枸杞5g、盐5g

做法

1 花胶冷水浸泡过夜，然后放进沸水里煮约20分钟，熄火，水变温后再取出花胶泡冷水（在此过程中切勿沾到油）。

2 松茸切片，老鸡斩块，猪瘦肉切块，然后和鸡爪一起汆水、洗净。

3 把所有材料放入砂锅里，加纯净水，小火炖3个小时，加盐调味即可。

Tips

松茸是养生保健价值很高的一种食材，有美容养颜、抗衰老等功效。花胶富含丰富的胶原蛋白、多种维生素、铁、锌、钙等微量元素。所以这款汤的营养价值非常高，可补血养气，适合孕妇和产妇进补。

浓口鸡汤

3 人份　10 分钟　3 小时

用料

土鸡1只、鱿鱼干2片、姜片30g、花椒5g、盐5g、干松茸片10g

做法

1 土鸡清洗干净、切块。

2 鸡块汆水，鱿鱼干冲水后切丝。

3 锅中放入鸡块、鱿鱼丝、姜片和花椒，加入足量水，大火烧开后转小火慢炖1小时。

4 干松茸片用热水浸泡一下，除去表面的杂质后和水一起倒入锅中，再继续炖大约2小时，至汤汁变浓稠，加盐调味即可。

Tips

如果不用土鸡，就一定要加入干鱿鱼，这样可以让汤汁变得更加浓郁有味。鱿鱼除了提鲜，还可以让味道变得更加立体和富于变化。

龙井鸡汤

4 人份　15 分钟　2 小时

汤极清、味极鲜，只有在清明之前有龙井鲜叶的时节，才能吃到无法比拟的鲜美龙井鸡汤。

用料

龙井茶鲜叶10g、土鸡1只、姜3片、盐8g

做法

1 土鸡去除内脏，切块、洗净，沥干备用。

2 汤锅中放入鸡块、姜片、1200ml冷水，煮开后撇去浮沫。

3 小火炖煮2小时后放入盐和龙井鲜叶即可。

Tips

一定要保持小火，汤才会清。

茉莉花旗参炖竹丝鸡

2 人份　10 分钟　2 小时

花旗参，即西洋参，和人参同属五加科植物，中医认为花旗参滋阴降火、生津止渴，适合夏季食用。

用料

茉莉花3g、花旗参片5g、竹丝鸡1/2只、白胡椒粒6粒、姜5g、盐2g、料酒10ml

做法

1 竹丝鸡斩块、冲洗干净后冷水下锅，倒入料酒，焯水后捞出、洗净。

2 姜切片，茉莉花用冷水泡开。

3 鸡块、姜片、白胡椒粒放入炖盅，水和盐混合后倒入炖盅中，盖上盖，上蒸锅蒸1.5小时，再将花旗参片和茉莉花放入汤中继续蒸30分钟。

Tips

鸡块一定要清洗干净，焯水是为了去除杂质和血水，这样煲出的汤才会清澈，喝汤之前可撇去浮油。

松茸煲鸡汤

3 人份　10 分钟　1.5 小时

用料

鲜松茸2棵、鸡块500g、姜10g、盐5g、白胡椒粒3g、料酒15ml

做法

1 用刀将松茸表面的泥土小心刮去，切掉根部的硬块，轻轻用水清洗，然后用厨房纸巾小心地将松茸表面擦拭干净，切片。姜洗净、切片。
2 将鸡块清洗干净后放入锅中，加水没过鸡块，再加料酒烧开。
3 水开后撇去浮沫，倒掉焯鸡块的水，将鸡块冲洗干净，放入锅中，再加入鸡块4倍量的水，加姜片、白胡椒粒，大火烧开后转小火，慢煲1小时左右。
4 在锅中加入松茸片，再煲30分钟左右，快出锅时加入盐调味即可。

菌菇气锅鸡

5人份 2小时（含浸泡时间） 4小时

用料

乌鸡1只、鲜人参1根、姬松茸10根、金雀花10g、红枣2颗、葱20g、姜20g、白胡椒粒5g、盐13g、料酒20ml

做法

1. 将姬松茸洗净，浸泡2小时；乌鸡净膛、洗净后剁大块，备用。
2. 葱切段，姜切片，红枣和鲜人参洗净。
3. 金雀花放入碗中，加入50ml水、3g盐，浸泡10分钟。
4. 汤锅中放1000ml水，加入乌鸡块、姜片、葱段、料酒，水开后撇去浮沫，乌鸡块焯熟后用温水洗净备用。
5. 将洗好的乌鸡块放入气锅中，加入泡好的姬松茸、红枣、鲜人参、白胡椒粒和10g盐，无须加水，盖上锅盖，放在沸腾的汤锅上（用毛巾裹住缝隙，防止漏气）蒸三四个小时。蒸制期间注意适时给汤锅加开水，防止水干。
6. 出锅前撒入泡好的金雀花即可。

Tips

气锅即土陶蒸锅，其最大的特点是锅中间有个气嘴，将气锅放在盛满水的汤锅上，加热汤锅，水开后汤锅中的水蒸气会通过气锅的气嘴将鸡块蒸熟，气锅鸡的汤汁为水蒸气凝成，在很大程度上可保持其原汁原味，吃起来汤鲜肉嫩。

猪肚鸡汤

4~6 人份　5 分钟　2 小时

用料

猪肚1个、鸡1只、葱段60g、姜片60g、白胡椒粒15g、枸杞10颗、白果15颗、盐5g、料酒80ml

做法

1　猪肚洗净后切条，放入砂锅中，加入3倍量的水、料酒、一半葱段和姜片煮开，撇去浮沫，中火炖煮30分钟，捞出后用凉水洗净。

2　鸡洗净，剁成大块，放入砂锅中，加入3倍量的水、猪肚、剩余的葱段和姜片、枸杞、白果、白胡椒粒，大火烧开后转小火炖1.5个小时，最后加盐调味即可。

清润养生鸡汤

3 人份 15 分钟 2 小时

用料

三黄鸡1/2只、干百合15g、干淮山25g、花旗参30g、无花果3个、麦冬15g

做法

1 将三黄鸡清洗干净、汆水。其他食材冲洗干净，备用。
2 水烧开后放入三黄鸡，炖煮15 分钟后撇去浮沫和杂质。
3 倒入其他食材，大火烧开后转小火，盖盖，小火慢炖2 小时即可（水要始终保持半开状态）。

眉豆花生煲凤爪

3人份　4小时（含浸泡时间）
2小时

用料

眉豆50g、带皮花生100g、棒骨500g、猪瘦肉300g、鸡爪10只、姜片10g、果皮10g、白胡椒粒5g、盐5g

做法

1 带皮花生、眉豆提前泡水4小时。
2 鸡爪剁去指甲，在中间最厚的部位剁一刀，不要剁断，然后和棒骨、猪瘦肉一起焯水，捞出后用温水洗净。
3 将棒骨、猪瘦肉、鸡爪、眉豆、花生放入锅中，加入比食材多4倍的清水，再加姜片、果皮、白胡椒粒，大火烧开后转小火煲约2小时，再加盐调味即可。

花菇瘦肉鸡脚汤

4 人份 10 分钟 2 小时

用料

花菇10朵、鸡爪300g、猪瘦肉200g、马蹄80g、姜片10g、枸杞少许、盐少许

做法

1 花菇提前泡发，洗净。
2 鸡爪、猪瘦肉汆烫后冲净干净，待用。
3 锅中倒入1000ml水，烧沸后放入除枸杞外所有材料，大火煮10分钟，转小火煲2小时。
4 加盐调味，点缀枸杞即可。

白鸭汤

6 人份　20 分钟　1 小时

永春白鸭汤的香气飘散了两百多年，肥美的鸭肉和香浓的汤汁滋润着世代居住在那里的人们。

用料

永春白鸭（红面番鸭）1只、
川芎20g、黄芪20g、
故纸5g、熟地20g、
当归10g、枸杞20g、
甘草3g、盐适量

做法

1 白鸭择去细毛，斩成2cm宽、5cm长的大块。所有药材洗净、备用。

2 将鸭块放入锅中，注入没过鸭块的清水，大火煮开，捞出鸭块，汤水弃之不用。

3 将鸭块重新放入汤煲中，注入足量清水，加入所有药材，加盖，大火烧开，转小火焖煮至鸭肉熟烂（约1小时，视鸭龄而定），出锅前调入盐即可。

Tips

在泉州当地很容易买到炖永春白鸭汤的汤料，药店或干货店都有现成配好的药包出售。如果不生活在当地，网购也可。

滋补水鸭汤

4 人份　20 分钟　3 小时

菜谱提供：周旭煜（北京香格里拉国贸大酒店红馆中餐厅）

猴头菇菌肉鲜嫩、香醇可口，自古有“山珍猴头、海味燕窝”之称，用猴头菇配以竹荪、水鸭、瑶柱，可以让汤味鲜可口，具有促进食欲、健脾养胃、助消化等功效。

用料

猪瘦肉300g、水鸭300g、鸡爪200g、猴头菇50g、竹荪20g、姜片10g、瑶柱碎5g、红枣20g、枸杞5g

做法

1 猴头菇和竹荪用水泡开，水鸭斩块，猪瘦肉切块。

2 将瘦肉块和鸡爪一起汆烫，捞出后洗净。

3 将所有材料放进砂锅中，加纯净水，炖制3小时即可。

清火海带绿豆老鸭汤

4 人份 15 分钟 1.5 小时

菜谱提供：古志辉（北京丽思卡尔顿酒店）

鸭肉性凉，海带中的胶质成分能促进体内有毒物质的排出，绿豆又可清热解毒，海带绿豆老鸭汤最适合夏季，它会给肠胃带来一份清凉。

用料

老鸭1/2只、海带100g、绿豆50g、猪瘦肉100g、陈皮1/3片、老姜2片、盐适量

做法

1 海带洗净、切片。绿豆去掉杂质、洗净。

2 猪瘦肉和老鸭分别洗净、切大块，放入沸水中汆烫、去除血沫，捞出后沥干水。

3 将鸭肉块放入平底锅中略煎，去除鸭子中多余的油脂和腥味。

4 将除盐以外的所有用料放入汤煲中，加入2000ml清水，大火煲30分钟后，转中小火继续煲1小时。

5 喝的时候根据个人的口味加盐调味即可。

Tips

建议去掉脂肪堆积及淋巴聚集的鸭尖，这样汤会更鲜美，也更健康。

老鸭芡实扁豆汤

2 人份　10 分钟　1 小时

用料

鸭肉500g、芡实10g、扁豆20g、白胡椒粒2g、姜3g、盐3g

做法

1 芡实和扁豆提前浸泡。鸭肉洗净、切块，姜切片。

2 鸭块放冷水锅中，大火煮沸后转小火煮5分钟，去血水，捞出沥干。

3 另起锅放1000ml清水，烧开后倒入鸭肉、芡实、扁豆、白胡椒粒、姜片，盖锅盖煲1小时后撒盐即可。

Tips

1 水要一次性加足，若需再加水要加热水。

2 扁豆性温，具有护脾、化湿、消暑的功效。

3 芡实要用慢火炖煮至烂熟，细嚼慢咽，方能起到补养身体的作用。芡实虽有营养，但一次不要吃太多。芡实有较强的收涩作用，便秘及妇女产后皆不宜食，婴儿也不宜食用。

绿豆海带煲乳鸽

4人份 10分钟 1小时

用料

乳鸽1只、海带50g、绿豆100g、果皮2g、白胡椒粒2g、姜10g、盐3g

做法

1 姜切片，绿豆、海带分别放水中浸泡、洗净，乳鸽去内脏，洗净后斩块。
2 锅中倒水，烧开后放入乳鸽，撇去浮沫。
3 另起锅，倒1000ml清水，烧开后放乳鸽、绿豆、海带、果皮、白胡椒粒和姜片，煲1小时后放盐即可。

Tips

1 果皮是柑橘等水果的果皮晒干后所得到的干果皮。味苦，有橘子的清香，具有化痰、解腻的功效。果皮和白胡椒粒是最佳搭档，是煲汤中不可或缺的组合。
2 海带富含钾元素，搭配绿豆，有清热解暑、清肝降火的功效。

清补凉煲乳鸽

4 人份 30 分钟 2 小时

用料

乳鸽2只、梅肉100g、大棒骨1/2个、鸡爪3个、姜20g、果皮10g、白胡椒粒5g、盐3g、白砂糖5g、小米辣30g、生抽20ml

清补凉药材

淮山15g、干百合15g、莲子15g、薏米15g、玉竹15g、芡实15g、虫草花15g、枸杞10g、红枣5颗

做法

1. 将除虫草花以外的清补凉药材全部在清水中浸泡半小时。
2. 姜切片，梅肉切大块。
3. 鸡爪去指甲，从中间剁一刀，不切断。
4. 乳鸽去脚趾、头、尾部，开膛、去内脏、冲去血水。
5. 将大棒骨、鸡爪、梅肉放入冷水锅中汆烫，水开后撇净浮沫，捞出过凉水，然后用温水洗净。
6. 将大棒骨、鸡爪、梅肉倒入锅中，放入比食材多5倍的清水，再放入姜片、果皮、白胡椒粒，大火烧开后改中火，煲30分钟。
7. 放入乳鸽和所有清补凉药材，再煲1小时，出锅前5分钟放盐和白砂糖调味。
8. 小米辣切圈。锅中倒20ml花生油，烧热后浇在小米辣上，再倒入生抽，做成蘸料。

Tips

1. 用鸡爪炖汤底可以让汤起胶，口感变得更加醇厚。在鸡爪中间剁一刀是为了汆烫得更干净。
2. 姜片、果皮、白胡椒粒是粤式汤品中去腥的固定搭配。白胡椒一定要选择颗粒而不能选择粉末，因为胡椒粉的香味经过加热很容易挥发掉。
3. 煲汤时水要一次性加足，一般是主要食材的 3~5 倍。若水不够，一定要在中途加热水。
4. 煲汤主要是将食材煲透、煲烂，使食材的鲜味被煲出，更多精华融入汤中。一般煲汤剩下的食材称作“汤渣”，可将汤渣捞出，蘸着生抽一起吃，也算是粤式酒楼一种独特的“喝汤文化”。

鲜木瓜 乳鸽莲子汤

4人份 15分钟 2小时

用料

乳鸽1只、鲜木瓜1/2个、莲子50g、枸杞5g、姜片5g、盐5g、料酒100ml、牛奶100ml

做法

1 将乳鸽去毛、净膛，洗净后放入冷水锅里，加姜片、料酒煮开，撇去血沫后捞出，放入砂锅内煮开。

2 莲子去心、洗净，鲜木瓜去皮、去子、切小块，一同放入砂锅里煲2小时。

3 倒入牛奶，撒枸杞和盐，大火再煮5分钟即可。

苦藠海带炖鹅

4 人份 2 小时（含浸泡时间）
50 分钟

用料

鹅1/2只、苦藠15个、干海带结80g、葱段20g、姜片20g、花椒5g、盐10g、白砂糖5g、白胡椒粒5g

做法

1. 苦藠去皮、洗净；干海带结放冷水中浸泡2小时；鹅肉剁大块，焯水后用温水洗净。
2. 锅中放10ml油，放入葱段、姜片、花椒炒香，再加1000ml水，放入白胡椒粒，然后放入鹅肉、海带结和苦藠，煮开后倒入高压锅中煮20分钟，最后加盐、白砂糖调味即可。

Tips

1. 苦藠又名苦荄，外形似蒜，所以也被俗称为“小蒜”，为渝、川、黔地区特产，辛辣冲鼻、味道微苦，通常用于腌制酱菜、凉拌和煲汤，尤以煲汤食用最为鲜美。
2. 鹅肉中含有丰富的蛋白质，其氨基酸含量远高于鸡肉，且含有多种维生素和微量元素，同时脂肪含量很低，是秋季进补的优选食材之一。

四神养生汤

4 人份　15 分钟　2 小时
熊志芳（上海扬子精品酒店）

用料

鹅肉500g、冬瓜300g、猪瘦肉50g、土茯苓10g、党参10g、芡实10g、薏米10g

做法

1 鹅肉切小块，用20ml油煎至两面金黄，过冷水，冲去浮油。
2 冬瓜、猪瘦肉切小块，与鹅肉块及剩下所有材料放入锅中，倒入足量清水。
3 大火将水煮沸后转小火，清炖2小时，出锅前依口味加盐调味即可。

Tips

这款汤制作非常简单，只需耐心以小火煲 2 小时，便可得到一锅味道清香的汤品。当中的食材主要有除湿、增强免疫力的功效，非常适合春季一试。

Chapter 3

河海鲜味汤

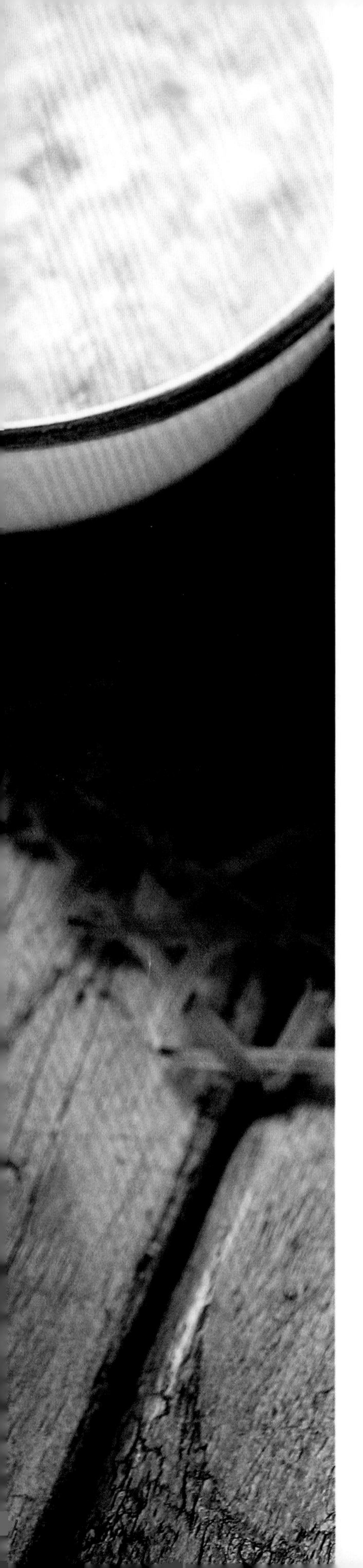

鱼蓉羹

6 人份 30 分钟 20 分钟

用料

胖头鱼3000g、姜35g、陈皮5g、葱15g、
韭黄10g、丝瓜50g、盐10g、白胡椒粉3g、
水淀粉15ml、香菜梗5g、鸡粉5g

做法

1 将陈皮提前用水浸泡，泡软后去掉内皮，切细丝备用。
2 葱切段，取15g姜切片，另外20g姜切蓉。
3 韭黄、丝瓜、香菜梗清洗干净，韭黄切小丁，丝瓜切小粒，香菜梗切末。
4 胖头鱼去除内脏后清洗干净，将鱼骨与鱼肉分离，备用。
5 锅中倒水，加入葱段和姜片，烧开后下入鱼肉和鱼骨，略煮。
6 捞出鱼骨。鱼肉切碎，用筷子搅打成蓉。
7 另取一只炒锅，加入10ml植物油，油温六成热时，放入姜蓉、陈皮丝、香菜末，煸炒出香味后，加入鱼汤，煮开。
8 放入盐、鸡粉、白胡椒粉和水淀粉，煮至汤浓稠后加入鱼蓉和丝瓜粒，烧开后即可出锅。

鱼丸汤

4 人份　30 分钟　10 分钟

用料

虱目鱼1条、蛋清2个、盐5g、鸡精5g、白砂糖5g、姜粉2g、淀粉15g、高汤500ml、粉丝1小把、葱花2g、白胡椒粉2g

做法

1 蛋清放入速冻室中降温。

2 虱目鱼处理好后清洗干净，用刀刮下鱼肉。

3 用刀背敲打鱼肉，将鱼肉剁碎（可用搅拌机代替，但是口感会稍差）。将打好的鱼肉放入冰箱稍冷藏。

4 鱼肉降温后从冰箱里拿出来调味。放入盐，搅打起筋，要搅打到肉发黏，筷子插入后可站立为止。

5 姜粉用少许水调匀，倒入鱼肉中，拌匀后加入淀粉，拌匀。

6 从冰箱里拿出冻过的蛋清，加在鱼肉中，快速拌匀起筋。调入白砂糖、鸡精，拌匀。

7 抓起鱼肉，从虎口挤出，挤成鱼丸。

8 锅中放入清水，开小火，将挤出的鱼丸放入水中。

9 待所有的鱼肉都挤成鱼丸，盖上盖子，大火烧开。注意水沸后可以将锅盖稍稍移开，煮至鱼丸全部漂浮起来，捞出鱼丸，立即冲凉水冷却。

10 大火煮滚高汤，放入粉丝、鱼丸，沸腾后盛入碗中，加白胡椒粉和葱花调味即可。

Tips

1 取材新鲜很重要：鱼肉一定要保鲜得当，当天食用最好。

2 保持温度很重要：在做鱼丸时一定要低温，搅打最好用筷子，不要直接用手接触鱼肉，以免手温影响鱼肉。

萝卜丝鲫鱼汤

4 人份　20 分钟　30 分钟

经过充分加热乳化后，鱼汤中的油脂和汤汁就可以很好地融合在一起，使汤汁白而浓稠，还能较长时间保持稳定。

用料

鲫鱼1条（约300g）、白萝卜100g、香葱1根、姜1小块、料酒15ml、盐5g

做法

1 鲫鱼去除内脏，冲洗干净血水，在鱼身两面各划几刀。
2 白萝卜洗净、去皮、切细丝。香葱切段，姜切片。
3 锅烧热后倒30ml油，油温五成热时放入处理好的鲫鱼，煎至金黄色，翻至另一面继续煎至金黄。
4 倒入适量水，加入姜片、白萝卜丝和料酒，中小火煮开后继续煮10分钟。
5 出锅前加盐调味，再撒上香葱段即可。

鲫鱼豆腐汤

4 人份 10 分钟 30 分钟

用料

鲫鱼1条、北豆腐1块、香菜1棵、姜2片、葱1段、牛奶100ml、盐2g

做法

1 鲫鱼去除内脏，清洗干净。炒锅或小汤锅中放30ml油，中火加热后放葱段、姜片，煎香后放入鲫鱼稍煎一下，直至鲫鱼两面微黄。

2 北豆腐切块备用，香菜洗净、切碎。

3 锅中放入足量水，没过鲫鱼，大火烧开后转小火慢炖15分钟。

4 锅中放入豆腐块，倒入牛奶，继续小火炖10分钟，调入盐，撒香菜碎即可。

Tips

鲫鱼和豆腐都是补钙佳品，用这两种食材一起来炖汤，鲜美又营养。炖制时可以加入少量牛奶，这样炖出来的汤，汤色洁白、味道醇厚。

木瓜雪耳鲫鱼汤

3~4人份　15分钟
25分钟

用料

鲫鱼1条、木瓜1/2个、
鲜银耳1/2朵、姜片15g、
盐5g、白胡椒粉5g

做法

1. 鲫鱼去除内脏、洗净、吸干水分。木瓜去皮、去子后切块。鲜银耳去根、撕成小朵。
2. 取一个比较深的煎锅，倒入30ml油，烧热后放入姜片和鲫鱼，煎至两面焦黄，加入800ml开水，大火煮沸10分钟。
3. 再加入木瓜块、银耳、白胡椒粉煮10分钟，最后加盐调味即可。

Tips

1. 鲫鱼刺多，煎鱼时热锅有助于保持鱼身完整，但不要久煮，使用煲汤袋也可以避免鱼刺进入到汤中。
2. 生姜煎过之后辣味会减少很多。

翠玉如意鱼片汤

4 人份 35 分钟 20 分钟
菜谱提供：黄宵峰（上海 Shook！餐厅）

这款汤口感清淡，豆苗的点缀让汤品中融入了植物清香，整个味道的层次微妙而令人回味无穷。

用料

鳜鱼肉500g、竹荪200g、豆苗100g、鸡清汤（见P17）1500g、料酒5g、盐15g、胡椒粉适量

做法

1 鳜鱼肉片成薄片，加少许盐腌制一下。
2 将竹荪浸泡10分钟至回软，去除两头，焯水后挤干水分。
3 鸡清汤与竹荪同时下锅，烧煮10分钟至竹荪充分吸收鸡汤的鲜味，放入豆苗，加入盐和胡椒粉调味。
4 另烧一锅水，沸腾后将鱼片烫熟，然后放入竹荪豆苗鸡汤中即可。

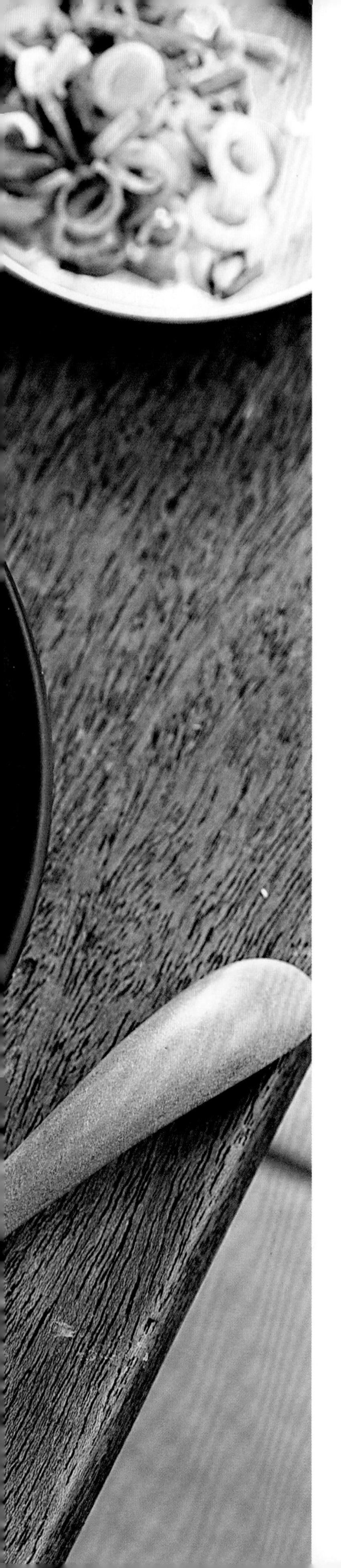

浮水鱼羹

4 人份　50 分钟　15 分钟

之所以叫它浮水鱼羹，是因为熟了就会浮起来。浮水鱼羹有两种，一种是用白腹鱼做的，另一种是用虱目鱼做的，味道各有千秋。

用料

虱目鱼1条、旗鱼肉500g、淀粉1汤匙、白胡椒粉2g、黑醋1茶匙、青蒜碎5g、盐5g

做法

1　虱目鱼去掉内脏和鳃，取鱼背肉和鱼肚肉。剩下的鱼头、鱼骨和鱼尾加水煮成高汤。

2　将虱目鱼鱼肚肉和旗鱼肉反复搅打成鱼浆，边打边加入淀粉，打至上劲，加盐和白胡椒粉调味。

3　将熬好的鱼高汤大火煮滚，取适量调味后的鱼浆，捏成不规则的块状，放入鱼高汤中，煮至浮起后盛入碗中。

4　加少许白胡椒粉、黑醋和青蒜碎调味即可。

无花果煲生鱼

4 人份 15 分钟 2 小时
菜谱提供：陈建红（北京西苑饭店）

用料

生鱼1块（约150g）、
猪瘦肉2块（约50g）、
鸡肉1块（约50g）、
无花果5枚、红枣3颗、
老姜2片、白胡椒粒4粒

做法

1 平底锅中倒10ml油，中火加热到七成热，放入生鱼块，煎至表面呈金黄色，翻至另一面也煎至金黄色，取出。

2 大火烧热锅中的水，分别放入猪瘦肉和鸡肉汆烫，去除血沫，捞出。

3 将处理好的生鱼块、鸡肉和猪瘦肉放入汤煲中，加入无花果、红枣、姜片及白胡椒粒，加入足量水，盖上盖子，大火煮滚后转中小火继续煲煮2小时即可。

Tips

生鱼又叫黑鱼、乌鱼，具有去瘀生新，滋补调养等功效。喝汤时根据个人口味加盐调味即可。

眉豆莲藕煲章鱼干

2 人份　2 小时（含浸泡时间）
1.5 小时

用料

章鱼干30g、眉豆20g、
莲藕40g、果皮2g、
白胡椒粒2g、盐2g

做法

1 眉豆提前浸泡2小时，章鱼干用剪刀剪成段，莲藕切片。
2 锅中倒10ml油，烧热后放入章鱼干煎3分钟，煎香后捞出，过一下水，把浮油冲掉。
3 锅中倒水、放入章鱼干、眉豆、莲藕片、果皮、白胡椒粒，煲1.5小时后撒盐即可。

Tips

1 章鱼干自带咸味，所以放少量盐即可。
2 煲汤时通常选择干货食材，它是食材的浓缩，用干货煲出的汤更加鲜甜。
3 莲藕性寒，孕妇不宜过多食用。老年人可常吃藕，有调中开胃、安神健脑的功效。

程泽弓鸡汤煨蛏干

2人份 10分钟 35分钟
菜谱提供：白常继

将蛏子干泡发，加鸡汤小火慢炖，海味与鸡汤之鲜融合，蛏子干柔韧可口，是这道菜的精髓之处。《随园食单》中对蛏子干的处理方法描写得更为复杂、精致："用冷水泡一日，滚水煮两日，撤汤五次。"

用料

蛏子干50g、油菜50g、
葱花20g、姜片20g、
盐2g、醋5ml、料酒20ml、
胡椒粉3g、鸡汤600ml

做法

1 将蛏子干洗净，加入3倍清水，提前浸泡一天，使其回软后择去杂质。放入热水中煮开，换水再次煮开，转小火，待蛏子干充分涨发如鲜蛏一般，捞出，用温水洗净，晾凉备用。

2 锅中倒油，煸香葱花、姜片，倒入鸡汤煮沸，放入蛏子，中小火煨30分钟，加入料酒、盐、醋、胡椒粉调味，放入洗净的油菜煮2分钟，起锅前捞出葱、姜即可。

瓠子瓜蚕豆干贝汤

4 人份　10 分钟　20 分钟

用料

瓠子瓜1个、蚕豆瓣50g、干贝10个、鸡蛋1枚、盐1茶匙、高汤300ml、水淀粉1汤匙

做法

1 瓠子瓜洗净、去皮、切厚片。干贝用温水泡发后，沿着肌肉纹理撕成细丝。鸡蛋磕入碗中、打散。

2 汤锅中注入高汤和适量清水，放入干贝丝，大火煮开，撇去浮沫后小火煮10分钟。放入蚕豆瓣煮5分钟，然后放入瓠子瓜片。

3 汤水再次沸腾时淋入水淀粉勾薄芡，待汤水沸腾，淋入蛋液，打成蛋花，放盐调味即可。

冬瓜滚花蛤

4人份 10分钟 25分钟

花蛤含有丰富的钙、铁、锌元素，百合搭配枸杞，润肺益气，在干燥的秋季，这道汤有滋润肺腑、清热解毒的功效。

用料

花蛤300g、冬瓜100g、鲜百合20g、枸杞5g、姜2片、绍酒2汤匙、白胡椒粉2g、盐1茶匙

做法

1 冬瓜去皮、去瓤，切成略厚的片。鲜百合一片片分开，清洗干净。

2 锅中加入水、1片姜，大火烧开，倒入绍酒，放入花蛤汆烫20秒，捞出沥水。

3 砂煲中加水，放入剩下的姜片、冬瓜片、枸杞和百合，大火烧开后转中小火煲煮20分钟。

4 放入汆烫过的花蛤，加盐和白胡椒粉调味，待煮开且味道融合后关火。

Tips

买回的花蛤应先放在水中养两三个小时，吐一吐泥沙再使用。花蛤的肉比较嫩，不宜过早放入汤中。

滋补螺头海中鲜

5 人份 15 分钟 3 小时

菜谱提供：周旭煜（北京香格里拉国贸大酒店红馆中餐厅）

用料

猪瘦肉300g、水鸭300g、鸡爪200g、海螺500g、姜片10g、瑶柱碎5g、枸杞5g、红枣20g、盐适量、淀粉适量

Tips

螺肉含有丰富的维生素A、蛋白质、铁和钙，适宜糖尿病、癌症、干燥综合征者食用。

做法

1 海螺去壳、取肉，用盐和淀粉洗去表面的黏液，切厚片。

2 水鸭斩块，猪瘦肉切块，和鸡爪一起汆烫、洗净。

3 将所有原料放在砂锅里，加纯净水，小火炖3个小时，加适量盐调味即可。

淮杞响螺汤

4人份　15分钟　1.5小时

菜谱提供：胡兆明（北京王府半岛酒店凰厅）

干燥的冬季最适合喝一些滋润温补的汤，海螺和鱼肚既有滋润补益的效果，又不会增加身体的负担。

用料

海螺2个、干鱼肚40g、淮山片20g、枸杞5g、蜜枣2颗、盐适量

做法

1 海螺购买时即可请店家砸开，取螺肉。洗净后放入沸水中汆烫、断生，捞出后切片待用。

2 干鱼肚加矿泉水泡发，发软后切小块待用。

3 淮山片和枸杞用清水冲洗净表面杂质。

4 将处理好的所有用料放入砂煲中，加1500ml水，大火煮开后转中小火继续煲煮1.5小时，加盐调味即可。

黑蒜响螺汤

4 人份　15 分钟　3 小时
菜谱提供：熊志芳（上海扬子精品酒店）

用料

黑蒜4个、干响螺片50g、荠菜300g、猪瘦肉100g

做法

1 干响螺片泡发一天一夜后用水冲洗干净，备用。
2 所有材料放入汤锅后大火烧沸，然后立即转小火，清炖3小时。
3 出锅前，依据口味加盐调味。

Tips

黑蒜香味很浓，入口却不像普通蒜那般会有异味。汤底若用鸡汤，味道会更鲜美。

螺头煲老鸡

4 人份　15 分钟　2 小时
菜谱提供：陈建红（北京西苑饭店）

用料

新鲜螺肉250g、老鸡200g、猪瘦肉100g、鸡爪2只、虫草花1小把（约50g）、松茸1个、红枣2颗、老姜2片、盐5g

做法

1. 老鸡和猪瘦肉切大块，与鸡爪一起放入沸水中汆烫，去除血沫和杂质。新鲜螺肉清洗干净，切大片。虫草花和松茸分别清洗干净备用。
2. 将所有材料放入汤煲中，加入足量清水，大火烧开后转小火继续煲制2小时，加盐调味即可。

Tips

新鲜螺肉不容易清洗，外面有一层滑腻的黏液。用淀粉与螺肉拌匀，再用水冲洗，就比较容易了。

蝲蛄豆腐汤

4 人份 20 分钟 20 分钟

蝲蛄豆腐里面其实是没有豆腐的，做成汤后和豆腐很像，所以得名。蝲蛄是东北黑虾，长得像黑色的小龙虾。小时候总会听到长辈津津乐道地讲蝲蛄的习性：它们任性地生长在长白山脉甜甜的山泉水里，溪流里的水质稍有污染便集体逃走，踪影全无。
蝲蛄做成汤没有丝毫土腥味，如果想再高级一些，可以在汤中加入鲜人参，绝对是佳肴！

用料

蝲蛄25只、小白菜30g、鸡蛋1枚、香菜5g、姜2片、盐5g

做法

1. 蝲蛄冲洗干净，掰去两侧大钳，去掉尾巴最后一节，揭盖去壳，抽出沙线，再次冲洗后放入捣泥器中捣成糊，用粗滤布过滤、去渣，留下蝲蛄原汁。
2. 小白菜洗净备用。
3. 炒锅中放15ml油加热，放入姜片炒香，倒入100ml凉开水，烧开后保持沸腾。
4. 将蝲蛄原汁倒入其中，保持单方向搅动，待豆花状的蝲蛄豆腐漂浮并成形时，加入小白菜、盐，稍煮片刻后撒香菜即可。

Tips

龙虾可简单分为大龙虾和小龙虾。严格意义上，无螯的才是龙虾，而波士顿龙虾、蝲蛄、俗称的小龙虾都属于螯虾。中国的 4 种蝲蛄有 3 种只存活于东北深山溪流中。

蛤蜊豆腐汤

1 人份　4 小时（含吐沙时间）
10 分钟　菜品制作：李靓

用料

青蛤500g、内酯豆腐100g、姜10g、小葱1棵、大葱段10g、盐5g、白砂糖3g、料酒10ml

做法

1　青蛤放入加盐的清水中吐沙4小时，每小时换一次清水，然后刷掉贝壳上的杂质。内酯豆腐切块，小葱绿切碎，葱白切段，姜切片。

2　砂锅中加水，放大葱和小葱段、姜片、料酒、青蛤、豆腐块，煮开后转小火煮5分钟。

3　关火后放盐、白砂糖，撒葱花即成。

一品海鲜汤

4 人份　15 分钟　20 分钟
菜谱提供：黄宵峰（上海 Shook！ 餐厅）

用料

雄性大闸蟹150g、小苏打适量、蛏子500g、油蛤500g、河虾250g、草虾125g、大个扇贝1只、姜2片、葱2段、酒少许、盐少许

做法

1 蛏子、油蛤提前放入加盐的清水中吐尽泥沙，大闸蟹与扇贝一起用小苏打洗净后焯水，备用。

2 大闸蟹一切为二，和河虾、草虾一起过油，加水煮沸。

3 放入姜片、葱段和余下的原料，烹入少许酒，小火熬制15分钟左右。出锅前加盐调味即可。

大虾海鲜汤

4 人份 15 分钟 30 分钟

红艳艳的大虾配着酸酸的汤底，回味中还有一丝烟熏的味道，鲜香扑鼻。

用料

红菜椒1枚、蒜6瓣、黄洋葱1个、高汤1L、
青虾500g、贻贝12个、番茄酱30g、
面包屑15g、法香少许、藏红花1小撮、盐3g

做法

1 青虾洗净，去头后开背，挑出虾线。贻贝洗净备用。黄洋葱去皮、切碎。3瓣蒜去皮、切碎备用。法香切碎。

2 红菜椒和另外3瓣蒜用小火烤至表皮焦黑、内心软烂，去掉黑皮，加面包屑和少许橄榄油，放入捣泥器捣成泥，搅拌至顺滑。

3 锅里倒15ml油，中火加热至四成热时放入洋葱碎和蒜碎，炒香变色后倒入高汤，调入番茄酱，放入藏红花和盐。汤汁烧开后改小火炖20分钟。

4 加入虾和贻贝，煮熟后捞出，放入汤碗，把汤汁过滤一下也装入汤碗，加入菜椒泥并点缀法香碎和藏红花即可。

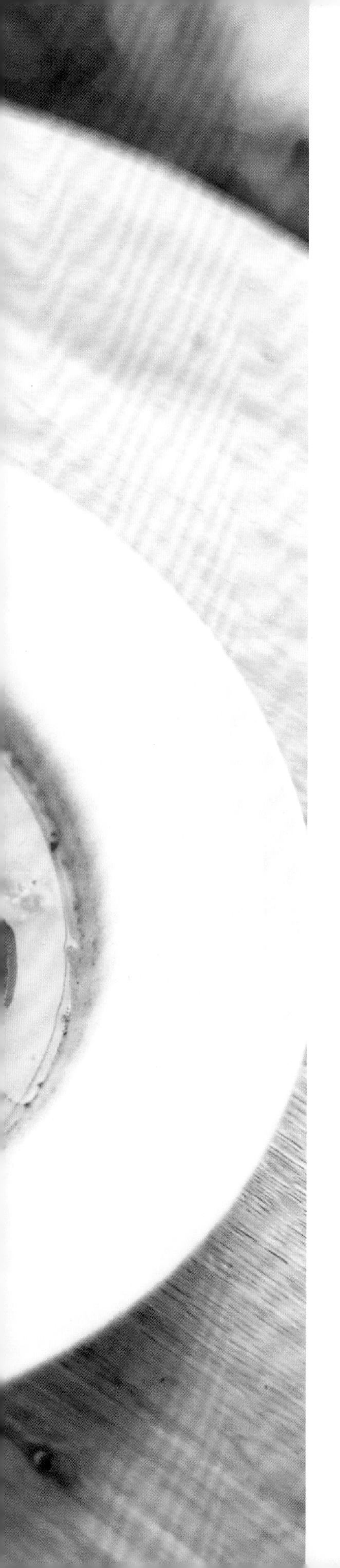

鲜虾蔬菜汤

3 人份 10 分钟 15 分钟

用料

海白虾10只、小南瓜120g、佛手瓜175g、洋葱100g、玉米笋6个、口蘑6个、柠檬罗勒适量、白胡椒粉5g、鱼露35ml

做法

1 取4只海白虾，去壳、头尾和虾线，清洗干净。洋葱切丁。

2 将洋葱丁和处理好的海白虾放入搅拌机，放入白胡椒粉，搅打成虾泥。

3 锅中倒入适量清水，水开后倒入虾泥，边倒边搅拌，直到虾泥融入水中，变成海鲜底汤。

4 将小南瓜和佛手瓜切片，放入海鲜底汤中煮3分钟，之后再放入玉米笋，煮大约3分钟。

5 剩余的海白虾去壳、去虾线，口蘑切块，放入海鲜汤中，煮到口蘑成熟，虾变色即可，出锅前点入鱼露。

6 装盘后点缀柠檬罗勒即可。

缤纷海鲜汤

3 人份　50 分钟　20 分钟

用料

石斑鱼肉30g、鱿鱼30g、扇贝肉30g、甜虾仁30g、龙虾肉30g、盐5g、黑胡椒碎3g、橄榄油16ml、去皮小番茄2个、白葡萄酒30ml

汤底

鲷鱼鱼骨1条、海鲈鱼鱼骨1条、虾头1斤、西芹1根、胡萝卜1根、洋葱1个、白葡萄酒适量、小番茄20个

做法

1 制作汤底：先将虾头和所有鱼骨放入烤盘，170℃预热10分钟，上下火烤10分钟。
2 西芹、胡萝卜、洋葱切片。
3 锅中放入10ml橄榄油，大火烧至七成热，放入洋葱片煸炒出香气后加入西芹和胡萝卜片，蔬菜炒软后，加入烤好的鱼骨和虾头。
4 加入小番茄，煸炒3分钟，淋入白葡萄酒，稍微煸炒一下，加入纯净水，没过所有食材。
5 大火烧开后转小火，慢炖到水剩下一半后，将所有材料捞出，留汤汁备用。
6 锅中放入3ml橄榄油，将材料中的海鲜和去皮小番茄一起放入锅中，煸炒到五分熟，淋入白葡萄酒，煮大约1分钟后将海鲜取出，倒入汤底，大火烧开。
7 加盐、黑胡椒碎、3ml橄榄油后，用手持搅拌器搅拌均匀。
8 海鲜放入深盘中，浇入海鲜汤底，淋几滴橄榄油即可。

木瓜煲蟹汤

4人份　15分钟　100分钟

用料

小膏蟹2只、猪棒骨1根、
木瓜1个、姜2片、盐适量

做法

1　猪棒骨洗净，放入沸水中汆烫，去除血沫。膏蟹斩开，蟹钳拍碎。木瓜去皮、去子、切大块。

2　将猪棒骨、姜片放入锅中，加入1500ml水，大火煮沸后改小火，继续煲60分钟。

3　放入木瓜块继续煲30分钟。

4　最后放入膏蟹，烫熟后即可关火。喝的时候再加盐调味即可。

Tips

1　木瓜不要选太熟和太生的，太熟的味道甜，久煮易烂；太生的又没有甜度和香气。

2　如果买不到膏蟹，肉蟹也可以。

高丽参海马炖裙珍汤

4 人份 10 分钟 4 小时

菜谱提供：李尚贵（江苏昆山阳澄湖费尔蒙酒店）

用料

高丽参15g、海马10g、火腿10g、水发裙边500g、老鸡500g、姜10g、黄酒10g、猪瘦肉200g、枸杞5g、盐适量

做法

1 老鸡斩块，与水发裙边一起放入沸水中汆烫，捞出后用冷水洗净并沥干。猪瘦肉洗净后切块，火腿切片，姜切片。
2 将鸡肉和除枸杞外的所有汤料放入汤盅内，加入矿泉水，用盐和黄酒调味。
3 入蒸锅蒸4小时，出锅后点缀上枸杞即可。

美肌花胶汤

4 人份　15 分钟　100 分钟

用料

泡发花胶200g、乌鸡200g、当归10g、
党参3g、红枣10g、枸杞5g、姜2片、盐适量

做法

1 泡发花胶清洗干净，切大片。
2 乌鸡洗净、斩成大块。
3 当归、党参、红枣、枸杞用流水冲洗净杂质。
4 在沸水中分别放入花胶片和乌鸡块汆烫，捞出后沥净水待用。
5 将所有材料放入汤中，加入足量的水，大火煮沸后转小火继续煲煮1.5小时。
6 喝时加盐调味即可。

Tips

如何泡发花胶：取无油的不锈钢深锅，加入 6 升清水后用大火烧开，关火后立即放入干花胶，盖好盖子，让水自然冷却。捞出花胶，倒掉第一次泡发用的水，把锅洗干净后再加入清水，再次烧开，放入花胶，让水自然冷却，这样就泡发好了。泡发好的花胶沥去多余水分，用保鲜袋装起来，放冰箱冷冻，可保存半年。

冬虫夏草炖花胶海参汤

4 人份　15 分钟　4 小时　菜谱提供：李尚贵（江苏昆山阳澄湖费尔蒙酒店）

用料

冬虫夏草4根、花胶300g、即食海参200g、高汤4L、金华火腿30g、姜10g、黄酒10g、红枣数颗、枸杞数颗、盐适量

做法

1. 姜洗净后切片，放入水中，烧开后放入冬虫夏草和花胶汆烫、去腥。
2. 将冬虫夏草和花胶捞出，与除枸杞外的其他原料一起放入汤盅内。
3. 用蒸锅蒸4小时，加盐调味，放枸杞点缀。

Chapter 4
清新蔬菜汤

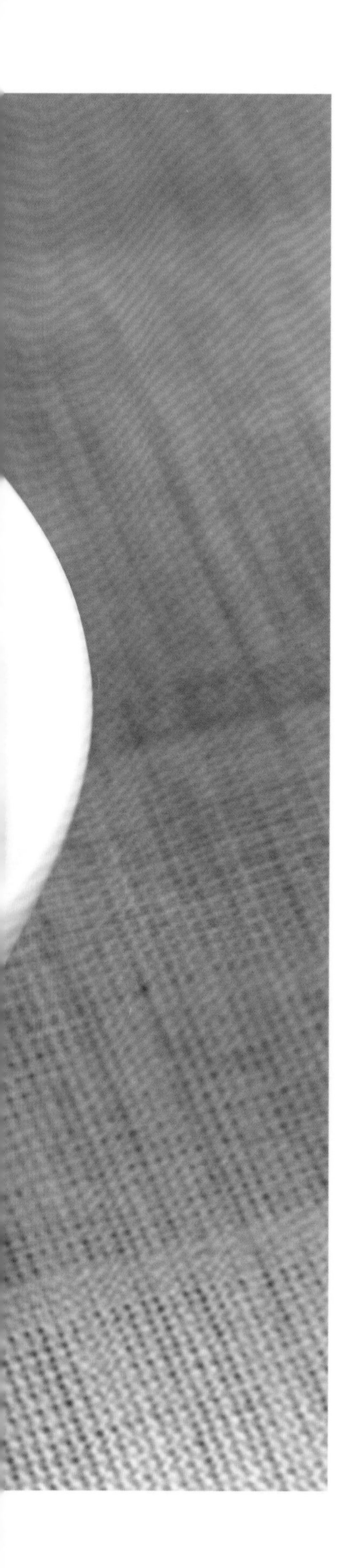

菜心杂菌汤

2人份 20分钟 4小时

用料

茶树菇150g、口蘑100g、香菇50g、竹荪适量、奶白菜心适量、鸡胸肉150g、淀粉10g、盐5g、白醋适量

做法

1 将鸡胸肉用刀剁成泥，加入水和淀粉，搅拌成鸡腻子，备用。

2 香菇、竹荪用水泡发。

3 锅中倒入清水，烧开后将茶树菇、口蘑和香菇放入水中，烫至完全成熟，捞出备用。

4 锅中加入适量白醋，放入泡发好的竹荪，竹荪变软后捞出，撕掉外膜。

5 汤锅中倒入适量清水，大火烧开后放入所有菌类，待水再次烧开后，会有脏沫不断浮出。

6 将鸡腻子放入汤锅，待所有的鸡腻子和杂菌沫都漂浮上来后，用炒勺将其全部捞出，倒掉即可。

7 转小火炖煮4小时左右，期间如果感觉水量不足，可以适当加入一次开水，出锅前放入奶白菜心，加盐调味即可。

Tips

奶白菜心也可用油菜心代替。

菌菇蔬菜炖盅

3~4 人份　30 分钟　20 分钟

用料

竹荪200g、蟹味菇200g、
白玉菇200g、油菜心2棵、
素高汤（见P16）1L、盐3g

做法

1　竹荪提前泡水半小时，切去菌体与菌裙连接的部分后切段；蟹味菇、白玉菇去除根部后洗净。

2　将处理好的菌菇与油菜心一同焯水后沥干，放入炖盅，倒入素高汤，加盐调味，放入蒸锅中蒸10分钟即可。

丝瓜鸡毛菜蛋汤

2人份 10分钟 15分钟

用料

丝瓜1根、鸡毛菜50g、鸡蛋1枚、水淀粉15ml、盐5g

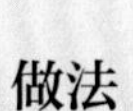

做法

1 丝瓜去皮，切菱形块，备用。鸡毛菜清洗干净，鸡蛋搅打成蛋液。

2 锅中放15ml油，大火烧至六成热后将丝瓜放入锅中，煸炒变软。冲入适当热水，烧开。

3 放入鸡毛菜煮开，淋入水淀粉，待汤汁变浓稠后淋入蛋液，开锅后加盐即可。

海带豆腐汤

2人份　1小时（含浸泡时间）
25分钟

用料

海带3片、嫩豆腐1盒、
香油1汤匙、蒜蓉1茶匙、
汤酱油5ml、牛肉高汤3杯、
盐3g

做法

1　海带用冷水浸泡1小时，洗净后沥干，切细条。嫩豆腐切成1厘米见方的小块。

2　锅中放香油，待油热后放入蒜蓉炒香，放入切条的海带和汤酱油，略微翻炒几下，加入牛肉高汤，煮沸后加入豆腐块炖熟，加盐调味即可。

Tips

牛肉高汤的制作：500g牛肉（牛腿肉、牛肋排都可以）加1个小洋葱、100g白萝卜、2瓣大蒜、2茶匙黑胡椒，所有材料切小块，加4L水，大火炖开后去血沫，转小火炖至牛肉软嫩，先不用撇去汤上的脂肪，等汤完全冷却后，表面会自然结成脂肪层，这时再撇去脂肪即可。也可以使用罐装的高汤成品。

快手时蔬汤

1人份 10分钟 15分钟
菜谱提供：谢谢小树

用料

番茄1个、油菜3棵、
鲜香菇3朵、鲜玉米1/2根、
盐2g、胡椒粉2g、高汤500ml

做法

1 番茄洗净、切滚刀块，鲜香菇去蒂、切米字形花，鲜玉米切小段，油菜洗净、沥干水。
2 将高汤煮开，先放入玉米和香菇，中火煮10分钟左右，再加入油菜和番茄煮3分钟，加盐和胡椒粉调味即可。

番茄土豆鲜笋汤

2 人份 15 分钟 20 分钟

用料

土豆1个、中等大小的番茄3个、
笋2个、盐适量、高汤适量

做法

1 土豆去皮，切小丁。
2 番茄清洗干净，去皮，切小丁。
3 笋剥去外皮，切片或滚刀块。
4 锅中倒水烧开，水开后放入适量的盐，之后放入笋块，焯水后捞出。
5 炒锅中倒15ml油，待油温六成热时放入土豆丁，翻炒到全部土豆丁变成焦黄色。
6 加入番茄丁继续翻炒，直到炒出红油，冲入高汤。
7 汤开后加入笋块，炖煮5分钟后加入适当盐调味即可。
8 还可以在表面淋上一点儿香油，口感会更香。

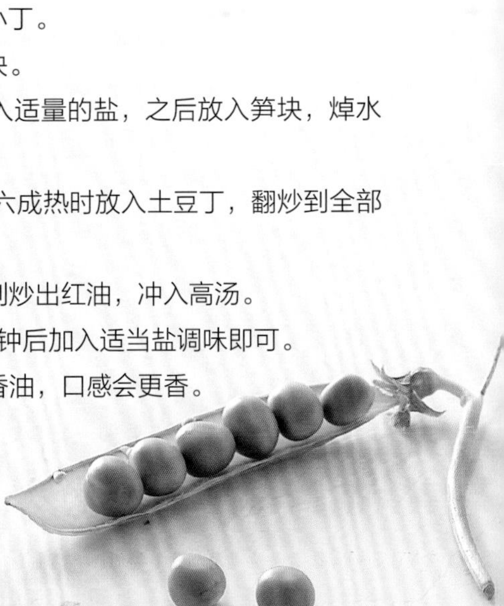

开水白菜

2人份 30分钟 6.5小时

用料

大白菜1棵

底汤

鸡1/2只、鸭1/2只、鸡胸肉150g、猪肘1/2个、干贝10g、金华火腿10g、蛋清5个、葱段30g、姜片30g、白胡椒粒20g、盐10g、白胡椒粉3g、料酒20ml、冰块80g

做法

1. 制作底汤：分别将鸡、鸭净膛后洗净、剁大块；猪肘放在火上烧去毛，然后放温水中浸泡一下，再用钢丝球把表面擦洗干净，剁块；干贝洗净；10g葱段、10g姜片切末，备用。
2. 烧一锅开水，将鸡块、鸭块、猪肘块焯水，撇去浮沫，焯熟后捞出，用温水洗净。
3. 取一大锅，加入足量水，加入洗净后的鸡块、鸭块、干贝、火腿、葱段、姜片和白胡椒粒，大火烧开后转小火，炖煮4小时，去渣、留汤。取其中5g火腿切成丝备用。
4. 将鸡胸肉洗净，剁成蓉，放入大碗中，加入葱末、姜末、蛋清、盐、白胡椒粉、料酒、冰块和50ml水，搅拌均匀。
5. 将步骤3中的汤重新小火加热至85℃左右，将步骤4中搅拌好的鸡蓉倒入汤中，匀速搅散，汤一直保持微滚而不沸的状态，撇净浮沫，30分钟后关火，静置2小时。
6. 用双层纱布将静置后的汤过滤，待快见底、出现很多渣滓时停止。过滤后的汤即为开水白菜的底汤。
7. 去除大白菜外层的老叶，只取菜心，掰开后放入开水中烫1分钟左右，取出后过冰水，撕去筋膜，攥干水分，备用。
8. 将大白菜心放入碗中，加入步骤6中过滤后的底汤，没过白菜心，放入蒸锅中蒸3分钟左右，倒掉底汤，再重新加入过滤后的底汤，没过白菜心，再次放入蒸锅中蒸5分钟左右，出锅后加入备好的火腿丝即可。

Tips

1. 鸡蓉中加入蛋清是为了更好地吸附多余的杂质，加入冰块可以更好地降温，保持汤不沸腾的状态。
2. 想要汤保持清澈，一是要控制好火候，即在鸡蓉放入锅中后始终保持微滚不沸的状态；二是鸡蓉倒入汤中搅散后，便不可再搅动。
3. 此为较复杂的制作方法，可依据此法做调整，比如用高汤做底汤，加入烫过的白菜心即可。

海菜芋头汤

1 人份　35 分钟　15 分钟

海菜的叶翠绿欲滴，茎白如玉，花朵清香宜人，是一种蛋白质丰富，富有多种维生素及微量元素的天然野生水菜。具有清热、止咳、利水、消肿的功效。

用料

洱海海菜200g、小芋头3个、盐5g

做法

1. 将小芋头洗净，放入蒸锅蒸20分钟，蒸熟后去皮、切块备用。
2. 将海菜择洗干净，切段备用。
3. 汤锅中加水烧开，放油、海菜段和芋头块，滚开后加盐调味即可。

Tips

做海菜芋头汤不必放太多调味料，吃其清新本味即可。海菜没有整棵煮而是切成段，是为了食用时更方便。

洋葱汤

1~2 人份 5 分钟 35 分钟

以清肉汤、焦糖色的洋葱为主要食材，配搭瑞士格鲁耶尔出产、略带坚果味的中等硬质奶酪，便是这道法式洋葱汤的精华所在，汤表面摆放面包片更是中世纪保留的传统。一份洋葱汤、一杯红酒，丰厚的脂肪和含有充沛单宁的红葡萄酒搭配，更加和谐美妙。

用料

白洋葱600g、法棍1/2条、格鲁耶尔奶酪碎20g、香叶3片、黄油25g、橄榄油10ml、盐3g、黑胡椒碎2g、牛肉清汤1500ml

做法

1 白洋葱切细丝。热锅，加橄榄油、黄油，待黄油化开后放入洋葱丝翻炒出水分，改小火慢慢炒至所有洋葱变成深棕色，约炒8~10分钟。

2 放牛肉清汤和香叶，大火煮开后撇去浮沫，转中火煮10分钟。关火后加盐、黑胡椒碎，盛入碗中。

3 法棍切厚片，放入平底锅中干烘至金黄。碗中放入一片法棍，待法棍吸收一些汤汁，再放另一片。撒奶酪碎，用喷枪将奶酪烤化上色。

经典奶油蘑菇汤

2 人份 5 分钟 30 分钟

奶油蘑菇汤是传统西式汤品，是西餐馆里面的保留菜肴之一，无论星级酒店还是街边小店，菜谱上总会有这道汤。一道品质上乘的奶油蘑菇汤，有浓郁的蘑菇味道及幼滑的口感才能对得起“奶油”这两个字。

用料

蟹味菇100g、杏鲍菇100g、褐菇100g、白玉菇100g、口蘑100g、白洋葱1/2个、面粉30g、黄油85g、奶油200ml、蒜末20g、黑胡椒粉3g、盐3g、法香5g

做法

1 所有蘑菇洗净。杏鲍菇、褐菇、白玉菇、口蘑切块，蟹味菇去根后掰开。白洋葱切小块。

2 面粉中放入35g软化的黄油，用手捏成团，成为油面糊。

3 锅中放30g黄油，加热至化开。

4 留一部分口蘑、蟹味菇备用，将剩余的所有蘑菇放入锅中，再加入白洋葱块、蒜末、2g盐翻炒，将蘑菇炒软至出汁。

5 加入1000ml水，大火煮沸后转中火煮20分钟。

6 把手持搅拌棒放入锅中，打碎食材，晾凉后再次煮沸。

7 锅中分次加入油面糊。

8 加入奶油、1g盐、黑胡椒粉调味，大火煮开后盛出备用。

9 平底锅中放20g黄油，中火煮化成褐色，再加入留用的口蘑和蟹味菇，大火炒上色。蘑菇汤中放入炒好的口蘑和蟹味菇，淋入少许奶油，撒上法香装饰即可。

Tips

制作时要不停地搅拌蘑菇糊，使其均匀地化入汤中，这样做出来的汤品会更加浓郁。蘑菇的种类可以随个人口味更改，制作完成后可以随个人喜好淋奶油或法香等装饰。

酸奶油蘑菇汤

5人份 20分钟 2小时

用料

波兰香菇（或干牛肝菌）100g、
鸡汤2000ml、白洋葱1个、
黄油30g、酸奶油250g、
盐5g、黑胡椒粉5g

做法

1 波兰香菇用温水泡发好，蘑菇中会有一些泥沙，要洗净。

2 白洋葱切粒。锅中放黄油，化开后放入洋葱粒，煸炒至金黄，出香味。

3 将鸡汤倒入锅中，加入发好的波兰香菇，大火烧开后转小火，慢炖1小时。

4 将波兰香菇捞出，切成条，再炖煮1小时，出锅时放盐和黑胡椒粉即可。

5 吃的时候拌入酸奶油，搅拌均匀即可。

Tips

酸奶油蘑菇汤味道比较厚重，可以根据自己的口味来调节酸奶油的量。制作出来的汤颜色比较暗，可以适当放入一些香菜碎点缀。

腰果蘑菇汤

2 人份 3 分钟 7 分钟

用料

腰果100g、香菇2朵、口蘑150g、豌豆苗15g、橄榄油20ml、盐5g、白胡椒粉3g

做法

1 在料理机中放入腰果、10ml橄榄油、50ml水，搅打成泥，做成腰果酱。

2 香菇、口蘑洗净、切厚片，锅中放10ml橄榄油，油热后放入香菇片、口蘑片，大火煎至微黄后放入300ml水、腰果酱、白胡椒粉、盐，小火炖煮5分钟，撒上豌豆苗后出锅即可。

西蓝花 薄荷浓汤

2 人份　2 分钟　20 分钟

用料

西兰花400g、法棍1根、
豌豆苗5g、南瓜子碎5g、
淡奶油150g、姜10g、
蒜2瓣、无盐黄油20g、
橄榄油15ml、海盐5g、
黑胡椒碎3g、
素高汤（见P16）300ml

做法

1 西兰花洗净、掰成小块，蒜去皮、切末，姜切末。
2 将橄榄油与无盐黄油放入平底锅中，中火加热，放入蒜末、姜末煸炒出香味，放西兰花块翻炒，加入素高汤煮15分钟左右。
3 将锅中的西兰花及汤汁倒入搅拌机里打成糊。
4 将西兰花糊倒回锅中，加入黑胡椒碎、海盐，继续煮5分钟。
5 将汤汁倒入碗中，加入豌豆苗、南瓜子碎、淡奶油，配合法棍食用。

奶香南瓜汤

2 人份　5 分钟　35 分钟

奶香浓郁的南瓜汤，味道甜蜜，口感细腻而醇厚，盛入小巧可爱的小南瓜中，色香味俱全。

用料

奶油奶酪30g、小南瓜2个、法香3g、黄油20g、洋葱1/4个、盐1/2茶匙、南瓜子仁少许、黑胡椒碎少许

做法

1 将小南瓜从三分之一处剖开，去掉南瓜瓤，均匀地涂抹上10g黄油，放入烤箱中，180℃烤制20分钟。取出后将南瓜肉挖出，南瓜壳留用。
2 南瓜子仁、洋葱和法香分别切碎。
3 锅中放入余下的黄油，炒香洋葱碎，随后放入南瓜肉和适量水，大火煮沸，再放入盐和奶油奶酪，充分混合均匀，倒入南瓜壳中，撒入南瓜子碎、黑胡椒碎和法香碎即可。

椰香核桃南瓜汤

2 人份　3 分钟　15 分钟

用料

南瓜1个、椰奶400ml、
迷迭香叶3g、姜2g、
苹果醋10ml、海盐3g、
黑胡椒碎3g、核桃碎15g、
蜂蜜10g、淡奶油20ml

做法

1　烤箱200℃预热，南瓜去皮、去瓤、切块，放入烤箱中烤8分钟后取出。将南瓜块、椰奶、50ml开水、姜、苹果醋、蜂蜜、海盐放入料理机中搅打成泥。

2　锅中倒入南瓜泥，小火熬煮两三分钟后盛入碗中。

3　淋入淡奶油撒上黑胡椒碎、核桃碎、迷迭香叶即可。

红菜汤

4人份 10分钟 2小时

红菜汤是经典的俄式菜肴，与东北乱炖有异曲同工之妙，汇集多种食材，熬成一碗火红的能量！

用料

带骨牛肉500g、甜菜根1个、土豆1个、洋葱1/2个、番茄1个、胡萝卜1/2根、圆白菜1/4个、姜2片、香叶1片、酸奶油30g、盐10g、白砂糖3g、黑胡椒粉5g、迷迭香5g、欧芹碎5g、柠檬汁2滴

做法

1 将带骨牛肉剁成小块，入冷水中汆烫，去掉血水，放入姜片、香叶炖1个小时。

2 将洋葱、胡萝卜、圆白菜、甜菜根切丝。番茄划十字刀，用开水烫一下，去皮，切小丁。土豆切块。将土豆块放入步骤1的牛肉汤中煮20分钟。

3 平底锅中倒20ml油，放入洋葱丝、胡萝卜丝炒香，再放入圆白菜丝、甜菜丝、番茄丁，滴入柠檬汁，略煮片刻。

4 将平底锅中的食材全部倒入牛肉汤中，煮30分钟左右，最后放入盐、黑胡椒粉和白砂糖调味，撒上欧芹碎和迷迭香，放入酸奶油即可。

蔬菜浓汤

2 人份　5 分钟　25 分钟

用料

洋姜400g、土豆50g、洋葱60g、培根1片、
埃曼塔奶酪50g、格鲁耶尔奶酪30g、孔泰奶酪10g、
橄榄油15ml、黄油25g、海盐3g、素高汤（见P16）1.2L、
淡奶油50ml、黑胡椒碎3g

装饰

芹菜苗1g、红胡椒粒2g

做法

1　将洋姜、土豆洗净、去皮、切块；洋葱洗净、切丝；培根切小片。
2　热锅中倒橄榄油，再放入黄油，待黄油化开后放入洋葱丝，炒至焦糖色。
3　加入洋姜块、土豆块一起煸炒，加入素高汤，放入黑胡椒碎、海盐，中小火焖煮10分钟。
4　将步骤3中的所有食材放入料理机中搅打细腻。
5　另备锅加入所有奶酪和淡奶油，小火加热至奶酪完全化开。
6　将步骤4中搅打后的混合食材倒入奶酪中，搅拌均匀，小火熬煮至浓稠，装入汤盘中。
7　热锅中放入培根，小火干煎至焦香，放入装盘的浓汤中，撒上红胡椒粒、芹菜苗装饰。

卡普瑞浓汤

4 人份 15 分钟 30 分钟

用料

番茄1kg、蒜1头、橄榄油75ml、油浸干番茄4个、
棕色砂糖15g、罗勒叶50g、红葡萄酒醋20ml、
酵母面包4片、马苏里拉奶酪球250g、黑胡椒碎2g

做法

1 剥掉蒜的最外层皮，切掉根须部分，再将整蒜横向对半切开。

2 烤箱200℃预热。把番茄和蒜铺在一个大的烤盘上，淋15ml橄榄油，放入烤箱中烤制25分钟，直至番茄破裂。把烤盘取出，稍放凉。

3 把烤熟的蒜从蒜皮中挤出来，将蒜肉放入搅拌机中，再放入烤好的番茄、油浸干番茄、棕色砂糖、罗勒叶（留10g做装饰用）、红葡萄酒醋、45ml橄榄油。

4 用搅拌机将所有食材搅打成均匀细滑的汤汁。将汤汁倒入大碗中，完全放凉。

5 将酵母面包片放入烤箱中烤热，也可以在平底锅上加热，将面包片的两面分别加热一两分钟。

6 将放凉的汤盛入浅盘中，把马苏里拉奶酪球稍稍掰碎，放在汤上面，再撒上些罗勒叶和黑胡椒碎，淋上剩余橄榄油。

7 食用时配烤热的酵母面包片即可。

浓香土豆汤

2人份　15分钟　20分钟

春季的菜单中不能少了一道美味汤羹，西式的浓汤在不冷不热的日子里给生活增加了些许趣味，不妨一试。

用料

土豆泥粉30g、水适量、口蘑1个、椰奶5ml、素火腿丁适量、盐5g

做法

1 将口蘑清洗干净，切片。
2 锅中放油，油热后加入口蘑片，煸炒出香气。
3 倒入适量水煮开。土豆泥粉用少量水调开。
4 水开后放入土豆泥粉，搅拌均匀，放入素火腿丁。
5 加入盐，出锅时倒入椰奶即可。

Tips

1 传统的西式浓汤是用黄油烹炒面粉，来增加汤羹的浓稠度，如果觉得麻烦，也可以用土豆泥粉来制作浓汤，汤羹的浓稠程度可以根据土豆泥粉的多少来决定。土豆泥粉并不是传统中餐中使用的土豆淀粉，而是西餐里用来做土豆泥的粉类。
2 口蘑是最适合制作汤羹的一种菌类，没有特别的味道，又非常有口感，煸炒之后也容易上色，形状也很好。
3 最后放入的椰奶给整道汤羹增加了一份异域风情，算是点睛之笔。

杂菜汤

2人份　10分钟　30分钟

用料

洋葱30g、土豆1/2个、
青椒1/2个、烤肠2根、
姜少许、红辣椒少许、
番茄罐头（或番茄浓缩汁）1罐、
浓缩鸡汁5ml、盐3g、黑胡椒3g

做法

1　将洋葱、土豆、青椒切小块，生姜切丝，香肠斜切成小段。

2　焖烧罐内倒入开水，盖上盖子预热。

3　平底锅内不放油，直接煎烤肠，待烤肠油脂煎出来后加入洋葱块和土豆块翻炒。

4　加入适量水，加番茄汁、辣椒、高汤、姜丝和青椒煮沸，最后加入少许盐和胡椒调味，关火。

5　把焖烧罐之前预热的开水倒掉，将煮好的汤倒入，盖好盖子，焖烧20分钟即可。

Tips

焖烧罐比较适合白领等上班族使用，方便、易操作，家中若无焖烧罐，也可使用焖烧锅制作。

Chapter 5 甜蜜果香汤

冰糖皂角米

4 人份　4 小时（含浸泡时间）　40 分钟

用料

皂角米20g、木瓜1块（约200g）、枸杞5g、冰糖20g

做法

1 皂角米加水浸泡4小时，泡发成饱满的半透明状。木瓜切小块。

2 将泡发的皂角米、木瓜块、枸杞、冰糖放入炖盅内，加纯净水。

3 盖上炖盅的盖子，将炖盅移入蒸锅，大火隔水蒸30~40分钟即可。

Tips

1 皂角米又称雪莲子、皂角仁，是皂荚的果实。具有养心通脉、清肝明目、美容养颜的功效。皂角米入口的感觉有点像橡皮糖，有点儿弹性，但中间又有一些不同的口感，类似木耳的脆爽。

2 经过炖煮后的皂角米呈半透明的胶状，香糯润口。蒸炖好的冰糖皂角米既可以温热时饮用，也可以放入冰箱，略冰后饮用。

3 皂角米分单荚和双荚，单荚产区主要是云南梁河，双荚产区主要是贵州毕节。单荚皂角米大部分都是野生的，粒薄如指甲，颜色稍白，口感更爽滑，味道更浓。双荚皂角米颗粒相对饱满，颜色呈天然淡黄色，煮后口感更软糯、有嚼劲、汤更黏稠。

4 孕妇可以适量食用皂角米，而生产后的新妈妈更加适合吃，对身体很好，还能帮助产后瘦身和乳汁畅通。

五果汤

2人份　2小时（含浸泡、腌制时间）
1小时

五果汤是广东传统小吃之一，用银杏、莲子、百合等食材合煮，香甜温润，祛湿润肺。

用料

薏米50g、鲜莲子50g、鲜百合20g、银杏10颗、鹌鹑蛋10枚、银耳30g、枸杞10g、白砂糖35g

做法

1　鲜莲子去绿皮，蒸20分钟后去莲心；银杏去心；鲜百合洗净、掰开；薏米用清水浸泡2小时，取出后沥干水分；干银耳掰碎，用清水浸泡2小时；鹌鹑蛋冷水入锅，烧开后继续煮6分钟左右至熟透后捞出，过凉水后剥去外壳。

2　在鹌鹑蛋和银杏中放20g白砂糖，腌制2小时。

3　锅中放入薏米、莲子、银杏、银耳，倒入1200ml清水，大火煮开后转中火，继续熬煮约45分钟，煮至银耳出胶，汤汁略浓稠的状态，加入鹌鹑蛋、百合和15g白砂糖，继续煮约5分钟，出锅前放入枸杞即可。

Tips

银杏有轻微毒性，不宜多吃，成人每天不宜超过8颗。
莲心有苦味，建议去掉，也可随个人口味保留。

小吊梨汤

2~3 人份 5 分钟 40 分钟

小吊梨汤是一款中华传统饮品。润肺养心，口感浓厚清甜，尤为适合干燥的冬季饮用。

用料

雪梨4个、银耳150g、枸杞20g、红枣15颗、话梅3~5颗、冰糖10g

做法

1. 雪梨洗净、切小块，留皮、去核。
2. 银耳提前泡好，去根、掰碎。
3. 将雪梨、银耳、话梅、枸杞、红枣与冰糖一起放入锅中，加3000ml水。
4. 大火烧开后转小火，慢熬40分钟，滤掉食材，喝汤。

银耳雪梨羹

1 人份　10 分钟　1.5 小时

如今大城市的空气质量不佳，怎样能让肺部更健康，给肺增加一些正面的能量呢？食物有自己的答案。被人称为“养肺三剑客”的雪梨、银耳和百合，一起炖制甜品和汤羹，增加一些冰糖和红枣，丰富汤汁的味道，就能让你在品尝自然的甘甜中，获得提升肺部能量的法宝。

用料

银耳1/4朵、雪梨1个、红枣4颗、百合1/2个、冰糖50g

做法

1 银耳用温水泡发，剪去根部，撕成小朵，备用。雪梨带皮切成小块，百合清洗干净，备用。

2 所有原料放入碗中，加入冰糖和足量的矿泉水，注意水要能没过食材。在碗上封一层保鲜膜。

3 将碗放入蒸锅，水烧开后蒸大约1.5小时。

4 蒸好后的银耳雪梨羹可以热吃，也可以晾凉后放入冰箱，吃的时候取出食用即可。

荷花雪梨糖水

1人份　10分钟　40分钟

荷花的清新和梨香交融，花瓣上丝缕的脉络、纤细的质地让人回味无穷。

用料

荷花1朵、银耳200g、
雪梨50g、山楂干30g、黄冰糖30g

做法

1 干银耳泡发，待变软后撕碎。
2 荷花用清水冲洗，依花瓣分开，雪梨洗净切块。
3 锅中加水烧开，加入荷花瓣和银耳碎，慢火煮至荷花瓣变软、银耳出胶。
4 热水沸腾后加入山楂干和雪梨块慢炖，最后加入黄冰糖即可。

抹茶圆子

1人份　20分钟　10分钟

用料

糯米粉100g、木薯粉100g、抹茶粉5g

Tips

木薯粉又称泰国生粉，是从树薯或木薯植物的根部精炼所得的淀粉，加入木薯粉会让圆子变得更有弹性。

做法

1. 取50g糯米粉和40g木薯粉混合，缓缓加水，直到将粉揉成团，不粘手。
2. 将另50g糯米粉、40g木薯粉和抹茶粉混合，慢慢加水，揉成一个绿色的面团。
3. 两个面团分别搓成长条，分成等份的小块，滚成小圆子，然后再把小圆子在剩余木薯粉上滚一滚，防止粘连。
4. 煮一锅水，放入滚好的圆子，煮至圆子漂浮起来，再煮1分钟后捞出，过凉水。
5. 吃的时候可以根据个人口味加糖桂花或者红豆汤。

桂花醪糟小圆子

4人份　10分钟　10分钟

用料

醪糟45ml、糯米粉50g、白砂糖15g、干桂花适量

做法

1　糯米粉加入适量热水，和成软面团，搓成条后再掐成小段，然后再在掌心搓成小圆子，备用。

2　锅中放入3杯水，水开后逐个下入小圆子，边煮边搅拌，以免粘连，待所有小圆子都浮起后再煮1分钟，调入白砂糖。

3　熄火后加入醪糟，搅拌均匀，然后分装入碗中，撒入干桂花即可。

桂花糖芋苗

2 人份　10 分钟　25 分钟

做起来并不难的糖芋苗，口感却十分丰富。芋艿软软糯糯的，红糖带有一股甜香，藕粉不但增加了浓稠的基调，也带来了不一样的风味，最后点睛之笔当然是干桂花，一点点就能闻到香气，桂花糖芋苗是初秋时节每个女孩子饭后都要吃一碗的美味，也是这个季节餐桌上最动人的景色。

用料

芋艿3个、红糖2g、藕粉15g、干桂花适量、冰糖或糖桂花适量

做法

1 将芋艿清洗干净，去皮，切小块。可以是不规则的形状，但不要太大，否则不容易煮透。

2 锅中放水，将切好的芋头块放入其中，大火烧开后转中火慢煮15分钟左右。

3 加入红糖，搅拌均匀。

4 藕粉用温水冲化，倒入锅中，边烧边搅拌至浓稠。

5 最后放入干桂花，喜欢甜味浓郁还可以适当放入冰糖或糖桂花。

橙皮薏米汤

1 人份　4 小时（含浸泡时间）
110 分钟

用料

薏米50g、柠檬皮5g、橙子皮10g、金橘皮5g、冰糖20g

做法

1 薏米洗净，浸泡4个小时。
2 柠檬皮、橙子皮、金橘皮洗干净后切丝。注意应将皮内侧的白色部分清除干净，否则会有苦味。
3 薏米和3L水一起煮40分钟，放入步骤2中的材料，煮1个小时至薏米膨胀开花，放入冰糖煮5分钟即可。

百合银耳莲子炖奶

2人份 30分钟 95分钟

用料

百合10g、去心莲子30g、
银耳10g、桂圆10g、
冰糖30g、鲜奶250ml

做法

1 百合、莲子、银耳用清水浸泡半小时。
2 将除鲜奶外的所有材料放入炖盅，加入稍盖过食材的热水，中小火炖1.5小时。
3 最后倒入鲜奶，再炖5分钟左右即可。

陈皮杏仁糖水窝蛋

3 人份　1 小时（含浸泡时间）
20 分钟

这款糖水味道较为浓郁，能化痰理气、止咳润燥、健胃消积。

用料

陈皮5g、南杏15g、北杏5g、冰糖30g、鸡蛋3个

做法

1 陈皮刮掉白瓤，避免煲出苦味。陈皮和南北杏用清水浸泡1小时。
2 将泡好的陈皮切丝，与南北杏及冰糖一起放入锅中，加入500ml清水，大火煮沸后改小火煮15分钟。
3 再次开大火，打入鸡蛋，煮熟即可。

桂圆红枣莲藕羹

3人份 10分钟 50分钟

用料

鲜藕1节、红枣10颗、陈皮1小块、桂圆10颗、红糖适量

做法

1 将鲜藕清洗干净，切成滚刀块，备用。

2 锅中倒入约1000ml的清水，煮开后放入红枣、桂圆、陈皮、鲜藕块，大火烧开后转小火，继续炖煮40分钟，吃之前加入红糖。

酒酿番薯汤果

3~4 人份 15 分钟 15 分钟

酒酿番薯汤果是宁波人冬至必吃的美食，番薯就是红薯，因和“翻”字同音，所以冬至吃番薯汤果，也象征着将坏运气“翻”过去和团团圆圆的好意头。

用料

红薯1根、糯米粉50g、酒酿350ml、枸杞10g、干桂花5g、白砂糖10g

做法

1. 红薯去皮，切小块或切丁备用。
2. 糯米粉倒入大碗中，加入40ml温水，揉成面团后，搓成小拇指粗细的长条，切成小段，再揉成小圆球。
3. 锅中放水，放入红薯块，大火烧开后转中火煮5~10分钟，至红薯稍软，放入糯米小圆子，开大火。
4. 待糯米小圆子浮起后，倒入酒酿、白砂糖、枸杞，再次沸腾后盛出。
5. 食用前撒上干桂花即可。

Tips

红薯本身富含淀粉，存储过程中由于水分挥发、淀粉酶将淀粉转化为糖，因此冬季的红薯比刚采摘时更甜。蒸、煮、烤，都是佳肴。

番薯糖水

3 人份 30 分钟 30 分钟

这是一款传统的港式糖水，有润燥、补中和血、益气生津的功效。

用料

黄心红薯500g、姜10g、冰片糖60g

做法

1 红薯洗净、去皮，对半切开后再切滚刀小块，浸泡半小时。

2 锅中加入600ml清水，放入去皮的姜，煮沸后倒入红薯块。

3 再次煮开后改小火煮20分钟左右，至红薯可以轻松插入筷子的程度，加入冰片糖，煮5分钟即可。

桃胶雪燕糖水

3~4 人份　15 分钟　1.5 小时　菜谱提供：杨小一

“桃之夭夭，灼灼其华”，桃树不仅可以观赏，桃胶亦可食用，炖一碗桃胶糖水喝吧！

用料

桃胶20g、皂角米20g、雪燕10g、银耳10g、莲子15g、蔓越莓5g、红糖10g、桂花2g

做法

1 桃胶、皂角米、雪燕分别放入清水中提前浸泡一夜。将桃胶的黑色杂质清洗掉，掰成小块，反复清洗3遍。皂角米和雪燕清洗干净，沥干水分、备用。

2 银耳用清水浸泡至膨胀，撕成小朵；莲子浸泡1小时后洗净、备用。

3 将清洗好的桃胶、皂角米、银耳放入锅中，加入1500ml清水，大火煮开后改成小火煮1个小时，然后加入雪燕再煮30分钟，出锅前加入红糖，盛出后撒上桂花和蔓越莓即可。

米汤老南瓜糖水

3 人份 15 分钟 30 分钟

用料

老南瓜500g、大米200g、冰糖20g

做法

1 大米稍清洗后加入水700ml清水，用电饭煲煮沸，煮沸后再过5分钟左右，用勺子舀出尽量多的米汤备用，剩下的米可继续煲煮食用。
2 老南瓜去皮，切成4cm见方的块，放入汤锅中，加入冰糖和稍没过南瓜的清水，开大火煮15分钟，倒入米汤再煮5分钟即可。

南杏仁炖木瓜

4人份 10分钟 50分钟

秋天是养肺、补肺的好时节。百合、银耳、枇杷都有养阴清肺的作用，而最好的非杏仁莫属，具有润肺、止咳的功效。杏仁分甜杏仁和苦杏仁两种，甜杏仁滋润补肺功效更强。

用料

木瓜1/2个、南杏仁1小把（约10g）、干桂花1小撮、冰糖10g

做法

1. 木瓜去皮、去子、切小块。南杏仁冲洗净表面的杂质。
2. 将处理好的木瓜块、南杏仁和冰糖放入炖盅内，加满水，盖上炖盅的盖子。
3. 将炖盅移入蒸锅内，大火隔水炖10分钟，转小火继续炖40分钟。
4. 炖好后撒上干桂花即可。

Tips

买木瓜时要选择形状短粗并且硬一点儿的，这样的木瓜甜且炖出来的口感好。

金汤岩米奶香羹

3人份 40分钟 15分钟
菜品制作：郭颖

用料

南瓜200g、岩米50g、牛奶20ml

做法

1 南瓜去皮、切块，大火蒸半小时左右至熟，冷却后压成泥，过筛备用。
2 蒸南瓜过程中将岩米洗净，放入电饭锅中，加入550ml水煮熟。
3 将煮熟的岩米与南瓜泥混合，加入牛奶，上锅蒸10分钟左右即可。

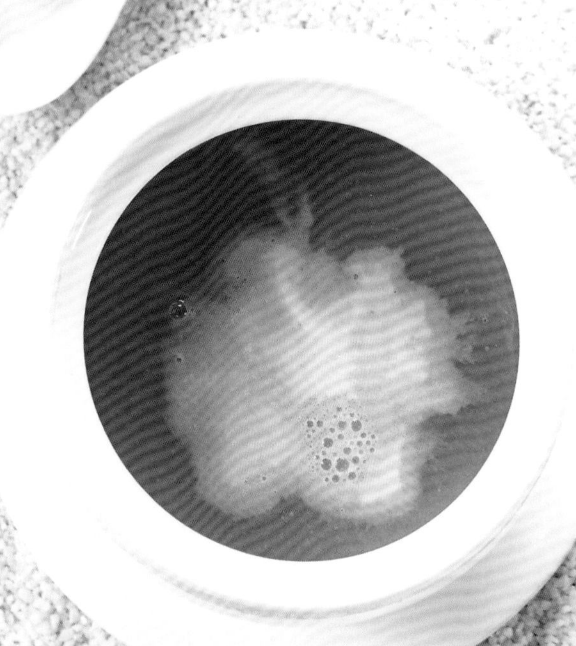

Tips
岩米即尼泊尔岩米，含有丰富的叶绿素、维生素、蛋白质以及镁、铁、钙、钾等微量元素，色泽黄绿，清香可口，有“米中黄金”之称。

龙眼蜜豆年糕甜汤

3 人份　3 分钟　10 分钟

软糯的年糕很适合煮成甜汤，搭配红蜜豆、龙眼肉和红枣，不仅吃起来甜到心里，还有暖身养颜的功效呢。

用料

红蜜豆2汤匙、龙眼肉50g、年糕片250g、红糖2汤匙

做法

1 锅里加入3碗水，大火烧开后，加入年糕片煮软。

2 加入红蜜豆、红糖、龙眼肉，再煮3分钟即可。

红枣薏米鹌鹑蛋甜汤

2 人份　2 小时（含浸泡时间）　30 分钟

冬季干燥，这款糖水有滋润、滋补及养颜的功效，最适合爱美的女性食用。

用料

红枣20g、薏米50g、鹌鹑蛋4枚、冰糖15g

做法

1 薏米用水浸泡2小时；鹌鹑蛋煮熟后剥壳，备用。

2 将薏米和红枣放入锅中，加入约800ml水，大火烧开，转中小火熬至薏米软烂。

3 加入鹌鹑蛋和冰糖，再煮3分钟即可。

金瓜炖素燕

4 人份 30 分钟 20 分钟

用普通便宜的食材做出燕窝的口感，味道不输燕窝，最重要的是环保。

用料

冬瓜200g、南瓜300g、淀粉20g、蜂蜜30g

做法

1 冬瓜切薄片，尽可能地切薄，像纸一样能透光最好，然后改刀切细丝。

2 往切好的冬瓜丝中一点点加入淀粉，每加一点儿都用手抓拌，使淀粉和冬瓜丝混合均匀。

3 大火烧热锅中的水，放入抓拌好淀粉的冬瓜丝，汆烫时要迅速地把冬瓜丝划散，不要让冬瓜丝粘在一起。

4 待冬瓜丝煮到透明后迅速捞出，放入冰水中浸泡5分钟。

5 南瓜切小块，放入蒸锅中，大火隔水蒸熟，取出晾凉。

6 将蒸好的南瓜放入搅拌机中，加入蜂蜜，搅打成南瓜蓉。

7 将南瓜蓉盛到小碗中，将冬瓜丝捞起，沥净水分，放到南瓜蓉中即可。

图书在版编目（CIP）数据

贝太厨房．一碗汤的幸福 / 贝太厨房编著．—北京：中国轻工业出版社，2020.4

ISBN 978-7-5184-2897-7

Ⅰ.①贝… Ⅱ.①贝… Ⅲ.①汤菜－菜谱 Ⅳ.①TS972.122

中国版本图书馆CIP数据核字（2020）第025049号

责任编辑：胡　佳　　责任终审：劳国强　　整体设计：锋尚设计
责任校对：李　靖　　责任监印：张京华

出版发行：中国轻工业出版社（北京东长安街6号，邮编：100740）
印　　刷：北京博海升彩色印刷有限公司
经　　销：各地新华书店
版　　次：2020年4月第1版第1次印刷
开　　本：787×1092　1/16　印张：11
字　　数：200千字
书　　号：ISBN 978-7-5184-2897-7　定价：58.00元
邮购电话：010-65241695
发行电话：010-85119835　传真：85113293
网　　址：http://www.chlip.com.cn
Email：club@chlip.com.cn
如发现图书残缺请与我社邮购联系调换
191134S1X101ZBW